2006-2007

仪器科学与技术

学科发展报告

REPORT ON ADVANCES IN INSTRUMENTATION SCIENCE AND TECHNOLOGY

中国科学技术协会　主编
中国仪器仪表学会　编著

中国科学技术出版社
·北　京·

图书在版编目(CIP)数据

2006—2007仪器科学与技术学科发展报告/中国科学技术协会主编；中国仪器仪表学会编著.—北京：中国科学技术出版社，2007.3

ISBN 978-7-5046-4529-6

Ⅰ.2… Ⅱ.①中… ②中… Ⅲ.仪器—科学研究—研究报告—中国—2006—2007 Ⅳ.TH7

中国版本图书馆CIP数据核字(2007)第024245号

中国科学技术出版社出版

北京市海淀区中关村南大街16号 邮政编码：100081

电话：010—62103210 传真：010—62183872

http://www.kjpbooks.com.cn

科学普及出版社发行部发行

北京中科印刷有限公司印刷

*

开本：787毫米×1092毫米 1/16 印张：10.5 字数：252千字

2007年3月第1版 2007年3月第1次印刷

印数：1—2000册 定价：28.00元

ISBN 978-7-5046-4529-6/TH·46

2006—2007
仪器科学与技术学科发展报告

REPORT ON ADVANCES IN INSTRUMENTATION SCIENCE AND TECHNOLOGY

首席科学家 金国藩

课题负责人 陆廷杰

课题组成员 （以姓氏笔画为序）

任殿义　闫成德　肖中汉　张汉权　张明远
张钟华　赵光明　赵安中　赵　建　施一明
徐开先　戚康男　蒋士强　樊尚春

学 术 秘 书 肖中汉

序

基于我国经济社会发展和国际社会竞争态势的客观要求，党中央、国务院做出增强自主创新能力、建设创新型国家的战略部署，这是综合分析我国所处历史阶段和世界发展大势做出的重大战略决策。学科创立、成长和发展，是科学技术创新发展的科学基础，是科学知识体系化的象征，是创新型国家建设的重要方面，是国家科技竞争力的标志。在科学技术繁荣、发展的过程中，传统的自然科学学科得以不断深入发展，新兴学科不断产生，学科间的相互渗透、相互融合的趋势不断增强；边缘学科、交叉学科纷纷涌现，新的分支学科不断衍生，科学与技术趋向综合化、整体化。及时总结、报告自然科学的学科最新研究进展，对广大科技工作者跟踪、了解、把握学科的发展动态，深入开展学科研究，推进学科交叉、融合与渗透，推动多学科协调发展，促进原始创新能力的提升，建设创新型国家具有非常重要的意义。为此，中国科协在连续 4 年编制《学科发展蓝皮书》基础上，自 2006 年开始启动学科发展研究及发布活动。

按照统一要求，中国力学学会、中国化学会、中国地理学会等 30 个全国学会申请承担了 2006 年相应 30 个一级学科发展研究任务，并编撰出版 30 本相应学科发展报告。在此基础上，中国科协学会学术部组织有关专家编撰了全面反映这 30 个一级学科的总报告——《学科发展报告综合卷(2006—2007)》。

中国科协是中国科学技术工作者的群众组织，是国家推动科学技术事业发展的重要力量，开展学术交流、活跃学术思想、促进学科发展、推动自主创新是其肩负的重要任务之一。开展学科发展研究及学科发展报告发布活动，是贯彻落实科技兴国战略和可持续发展战略，弘扬科学精神，繁荣学术思想，展示学科发展风貌，拓宽学术交流渠道，更好地履行中国科协职责的一项重要举措。这套由 31 卷、近 800 余万字构成的系列学科发展报告(2006—2007)，对本学科近两年来国内外科学前沿发展情况进行跟踪，回顾总结，并科学评价了近年来学科的新进展、新成果、新见解、新观点、新方法、新技术等，体现了学科发展研究的前沿性；报告根据本学科的发展现状、动态、趋势以及国际比较和战略需求，展望了本学科的发展前景，提出了本学科发展的对策和建议，体现了学科发展研究的前瞻性；报告由本学科领域首席科学家牵头、相关学术领域的专家学者参加研究，集中了本学科专家学者的智慧和学术上的真知灼见，突出了学科发展研究的学术性。这是参与这些研究的全国学会和科学家、科技专家劳动智慧的结晶，也是他们学术风尚和科学责任的体现。

希望中国科协所属全国学会坚持不懈地开展学科发展研究和发布活动，持之以恒地出版学科发展报告，充分体现中国科协“三服务、一加强”（为经济社会发展服务，为提高全民科学素质服务，为科学技术工作者服务，加强自身建设）的工作方针，不断提升中国科协和全国学会的学术建设能力，增强其在推动学科发展、促进自主创新中的作用。

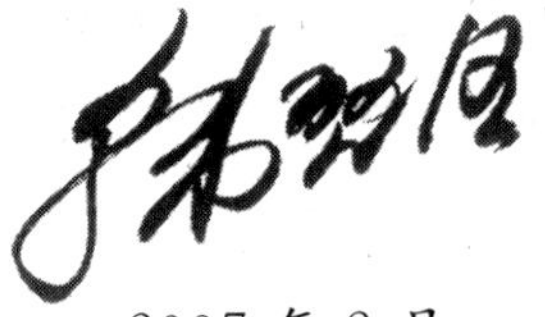

2007 年 2 月

前　言

中国仪器仪表学会于2006年7月接受中国科协的委托，正式立项开展仪器科学与技术学科发展的研究工作。中国科协对学科发展研究非常重视，提出了明确的要求：研究组成员包括一批学识渊博、经验丰富并在学科和产业领域熟悉情况的专家学者，首席科学家由知名科学家担任；研究工作在2006年底前完成，并撰写出研究报告。我会对完成这项任务高度重视，成立了以金国藩院士为首席科学家的研究组，分8个分学科专题开展研究，选聘了8个分学科研究组的负责人，他们都是各分学科领域的知名专家。

整个研究工作的进程是，8～9月各分学科开展调查，收集资料；10月各分学科撰写该分学科发展研究报告，其间多次讨论修订，10月底完成了各分学科的学科发展报告；11月由我会专家委员会在各分学科发展报告的基础上撰写出学科发展的综合报告，该报告经金国藩院士审阅修订，作为讨论稿供专家讨论；12月初在中国科协统一安排下学会召开仪器科学与技术学科发展讨论会，邀请了30多位院士、教授和专家，对学科发展综合报告展开详细讨论，特别是对发展项目逐一审定；12月中下旬，研究组根据专家们的审定意见和建议，对学科进展综合报告和各分学科专题进展报告进行了最后的修订，完成了这份学科发展报告。

本报告包括序言、前言、目录、综合报告、专题报告等部分。综合报告主要阐述了近两年来我国仪器科学与技术学科领域科技和产业发展取得的重大进展和科技成果。报告还介绍了仪器科学与技术学科的内涵和组成、学科领域科技和产业发展的特点及趋势、基本状况及差距、未来发展的需求和目标，最后对政府支持学科科技和产业发展提出了建议。这份报告既注意学术性，又不失可读性，它将对推动我国仪器仪表学科领域科技和产业的发展发挥积极的作用。

许多专家对这项研究和撰写学科发展报告奉献出了大量的心血，作出了宝贵的贡献，我们在此表示衷心的感谢，特别要感谢金国藩院士、施一明教授、闫成德研究员、蒋士强研究员、戚康男教授、赵建教授、张明远教授、任殿义教授、徐开先研究员、樊尚春教授、赵光明教授、赵安中高级工程师等各位专家，他们在完成这项研究任务中发挥了核心的作用。

由于研究任务重、时间紧，许多工作还欠仔细，报告内容也缺乏反复推敲，敬请学科和行业专家们指正。

中国仪器仪表学会

2006年12月

目　录

综合报告

专题报告

ABSTRACTS IN ENGLISH

Comprehensive Report

Reports on Special Topics

综合报告

仪器科学与技术学科发展与前景

一、引言

最初作为测量器具的仪器在促进科技和生产发展的同时，在现代科学技术和生产力的推动下，已成为完整的仪器科学与技术学科。作为测量和测试技术集中体现的仪器科学与技术学科，在当今我国国民经济和科学技术发展中的作用日益明显，仪器仪表是工业生产的“倍增器”、科学研究的“先行官”、军事上的“战斗力”、国民活动中的“物化法官”已广为人们所理解。

根据国际发展潮流和我国现状，仪器科学与技术学科主要组成包括：工业自动化测控技术及工业自动化仪表与系统；科学测试、分析技术及科学仪器；人体诊疗技术及医疗仪器；信息计测技术及电测仪器；专用检测技术及各类专用测量仪器；相关传感器、元器件、材料及技术。仪器科学与技术学科领域科技和产业发展的主要特点和发展趋势是：学科面对的产品种类和品种多样化；产品的稳定性、可靠性和适应性要求很高；产品的技术指标和功能不断提高；最先应用新的科学研究成果，高新技术大量采用；仪器及测控单元微小型化、智能化，可独立使用，也可嵌入式使用和联网使用；仪器测控范围向立体化、全球化扩展，测控功能向系统化、网络化发展；便携式、手持式以至个性化仪器大量发展。

目前，我国仪器科学与技术学科从理论研究、计量基准、产品制造技术、新器件、新材料、新工艺的研究和应用等方面已日趋完善，并形成门类品种比较齐全、布局较为合理、具有相当技术基础和生产规模的仪器仪表产业体系。从产品的科技水平分析，目前绝大部分国产仪器的科技水平处于国际上20世纪90年代初、中期的水平，中低档产品品种基本齐全，能够批量生产，且质量稳定；少数中高档产品，已接近国际水平。在工程应用技术方面，已经能够承担一部分国家重大工程仪器仪表系统成套工程。但在高技术含量的自动化仪表及系统、科学测试仪器、传感器、元器件等产品的竞争上，国内仪器仪表行业还基本上处于相当被动的境地。可喜的是，随着我国经济持续稳定地快速增长和“企业要成为科技创新主体”国策的实施，我国仪器仪表产业规模的年增长速度连续四年超过20%，近期我国仪器科学与技术学科领域科技和产业发展在实现微型化、数字化、智能化、集成化和网络化等方面紧跟国际发展的步伐，具有自主知识产权部分的开发研制及产业化，取得了显著的进展。特别是自动化仪表及大型控制系统出现重大进展，解决了现场总线在仪器仪表和控制系统中应用的一些关键技术，在基于HART、FF现场总线的变送器、执行机构、控制系统等方面取得了重大成果，达到国际先进水平，并已开始实现产品化，打破了由国外大公司垄断的局面；研究解决了工业实时以太网系列关键技术，原创性地提出了EPA(Ethernet for Plant Automation)工业控制网络通信技术，制定了我国第一个拥有自主知识产权的现场总线国家标准和国际标准；先进控制与优化软件产业化取得重大突破，已基本可以平等地与国际著名的Aspen、Honeywell竞争；解决了大型控制系统在工程应用中的可靠性问题，在石油化工、大型电力、核电、冶金等领域得到广泛应用。

本报告除介绍上述情况外，还对我国仪器科学与技术学科发展的未来需求和目标进行了剖析，在此基础上对我国仪器科学与技术学科领域科技研究和产业发展方向、仪器科学与技术学科发展的组织方式和相应政策措施提出建议。

二、仪器科学与技术学科的内涵和组成

（一）仪器科学与技术学科的内涵

马克思曾说过，制造和使用工具，是区分人和动物的根本标志。人类也正是在制造和使用工具的不断发展中加快认识世界、改造世界（包括人类本身）的进程。“工欲善其事，必先利其器。”在人类进化和社会发展的历史长河中，在创造、制作、使用工具改变生活环境和自身的过程中，仪器作为计量器具、疾病诊疗辅助器械和观天测地器件，是人类智慧的结晶，是直接扩展人类感知、操作能力的工具，为人类建立和发展科学研究、扩展生产规模创造了有利条件。

著名科学家门捷列夫说过：科学是从测量开始的。最初作为测量器具的仪器在促进科技和生产发展的同时，在现代科学技术和生产力推动下，已形成较完整的仪器科学与技术学科。她是当今社会人类对物质世界（包括人类创造的各种工具和人类本身）进行测量，并使人类能方便监控物质世界使之达到最佳目标的基本手段和技术，是人类认识世界、改造世界的重要工具，是现代科技的重要学科之一，并与现代科学技术的许多学科有着紧密联系。我国著名科学家钱学森明确指出：“发展高新技术，信息技术是关键，信息技术包括测量技术、计算机技术和通信技术，测量技术是关键和基础。”王大珩院士也多次指出：“在当今以信息技术带动工业化发展的时代，仪器仪表与测试技术是信息科学技术最根本的组成部分。”作为测量和测试技术集中体现的仪器科学与技术学科，其在当今我国国民经济和科学技术发展中的作用日益明显，仪器仪表是工业生产的“倍增器”，科学研究的“先行官”，军事上的“战斗力”，国民活动中的“物化法官”已广为人们所理解。

实际上，随着人类制造和使用工具的规模不断向高、大、精、尖发展，人类活动的规模和深度不断扩大和深入，人类已不可能通过自己的感觉、思维和体能器官直接观测和操作工具使之达到既定的目标。仪器科学与技术学科的内涵就是专门研究、开发、制造、应用各类仪器以使人的感觉、思维和体能器官得以延伸的科学技术学科，从而使人类具有更强的感知和操作工具的能力来面对客观物质世界，能以最佳或接近最佳的方式发展生产力、进行科学研究、预防和诊疗疾病及从事社会活动。

（二）仪器科学与技术学科的组成

仪器科学与技术学科作为工程性学科，有关仪器运行、应用的理论研究，新技术、新器件、新材料、新工艺的研究和应用集中体现在新型仪器仪表及相关的传感器、元器件和材料等领域的研究和产业化中，科技研究和产业发展紧密结合。目前，根据国际发展潮流和

我国现状,仪器科学与技术学科主要组成包括:工业自动化测控技术及工业自动化仪表与系统;科学测试、分析技术及科学仪器;人体诊疗技术及医疗仪器;信息计测技术及电测仪器(主要是电子测量仪器和电工测量仪器,包括仪表校验装置和计量基准);专用检测技术及各类专用测量仪器;相关传感器、元器件、材料及技术。

三、仪器科学与技术学科领域科技和产业发展的特点及趋势

(一)仪器科学与技术学科领域科技和产业发展的特点

根据仪器科学与技术学科的内涵和组成,目前仪器科学与技术学科领域科技和产业发展具有以下主要特点。

1. 产品种类多样化

据不完全的统计,我国仪器科技产品原属国家机械局归口的工业自动化仪表及控制系统、科学仪器、电工测量仪器及其他各类测量仪器仪表已发展到13大类,145小类,800多个系列,16 000多个产品品种;属信息产业部归口的信息技术电测仪器有20大类,2 000多个产品品种;属卫生系统归口的医疗仪器也有23大类,2 000多个产品品种;相关传感器、元器件及材料的产品品种更是不胜枚举。

工业自动化仪表及控制系统主要是各类生产现场的仪表及控制室仪表,其中包括各种温度、压力、流量、物位等过程检测仪表,各种变送、调节仪表、各种执行伺服装置及执行器,各种PLC(可编程逻辑控制器),SLC/MLC(单/多回路调节器),各种专用控制器、DCS(分散控制系统)、FCS(现场控制系统)等。

科学仪器主要包括各种电化学、光学、热学分析仪器,质谱、波谱、色谱分析仪器、能谱及射线分析仪器、物性分析仪器、生化分析仪器、在线分析仪器及光学仪器、试验机、实验室仪器等。

信息技术电测仪器主要是各种电子测量仪器、电工测量仪器、仪表校验装置和计量基准,其中电子测量仪器包括信号(频率、时延、相位等)测量分析仪器、信号源、元器件参数测量仪器、通信信道测量分析仪器、电声测量仪器、广播音响测量仪器、通信测试仪器、光纤测量仪器等;电工测量仪器包括电能计量仪表(含计费仪表)、安装式电表、精密电表(实验室和便携式电表)、数字仪表、电测量仪器(交流仪器、直流仪器)、磁测量仪器、扩大量限装置、自动抄表系统、电力监控仪器仪表及系统、电能计量管理及电力负荷控制系统、自动测试系统、校验装置、电源装置等。

医疗仪器主要是各种人类疾病的预防、诊断、治疗仪器及保健、康复、临床检验、妊娠控制仪器,其中包括医用X射线与磁共振影像设备、医用超声仪器、医用电子仪器、临床检验分析仪器(体外诊断仪器)、医用激光仪器、医用分析仪器、医用监测仪器、医用光学仪器、医用实验设备、、物理治疗设备、微创介入与植入式诊治系统、细胞和分子层次上的诊治仪器(含生物芯片与仪器)、中西医结合仪器、新型医疗仪器等。

其他各类测量仪器仪表主要是国民经济某一部门用得较多而其他部门使用较少的各类专用仪器仪表和系统,涉及导航制导仪器、大地测量仪器、地震地质仪器、农林牧渔仪器

仪表、气象海洋水文天文仪器、核仪器、船用仪器、汽车用仪表，轻工仪器仪表等。

2. 产品的稳定性、可靠性和适应性要求高

信息技术的要素包括信息的获取、存储、处理、传输和利用，而各行各业的信息获取正是靠仪器科技装备来实现的。如果获取的信息不准确、不稳定、不可靠，都会使随后的存储、处理、传输毫无意义，甚至产生错误，造成巨大损失。加上很多部门对仪器科技装备获取信息是要求 24 小时连续，长年不懈，这就对产品的稳定性、可靠性提出特别高的要求。此外，仪器科技装备几乎运行于地球及其外层空间的任何地点，很多时候是需在有毒、强腐蚀、有爆炸危险或失重、高速的状态下进行监测、监控任务，因此对产品的环境适应性要求很高。

我国生产的各类仪器科技装备主要产品，包括工业自动化仪表与控制系统、科学仪器、医疗仪器等，虽然各项技术指标同国外同类产品比较差距不算很大，但稳定性、可靠性和环境适应性却有明显差距，从而影响了国产仪器仪表技术装备的市场占有率。

3. 技术指标和功能不断提高

就如奥林匹克运动的口号是“更高、更快、更强”一样，仪器科学与技术学科在提高科技研究水平及其相关仪器的技术指标和功能上的追求是无止境的，测控技术及其相关仪器的技术指标水平是一个国家仪器科学与技术学科水平的量化标志。以扩大检测范围指标来说，如电压从纳伏～百万伏；电阻从超导至 $10^{14}\,\Omega$；谐波测量到 51 次；加速度为$10^{-4} \sim 10^{4}\,g$；频率测量至 10^{12} Hz；压力测量至 10^{8} Pa 等；温度测量从接近绝对零度至 10^{8} ℃等。以提高测量精度指标来说，工业参数测量提高至 0.02％以上，航空航天参数测量达到 0.05％以上，计量精度和科学仪器达到的精度更是与时俱进。以提高测量的灵敏度来说更是向单个粒子、分子、原子级发展。提高测量速度（响应速度），静态 0.1～0.02 ms，动态为 1 μs。提高可靠性，一般要求为$(2\sim5)\times10^{4}$ h，高可靠要求 2.5×10^{5} h。稳定性（年变化）＜±0.05％（高精度仪器）或＜±0.1％（一般仪器）。提高产品环境适应性，根据不同用户的要求，有高温、高湿、高尘、腐蚀、振动、冲击、电磁场、辐射、深水、雨淋、高电压、低气压等条件下的适应性。

4. 大量采用高新技术

仪器作为人类认识世界、改造世界的第一手工具，是人类进行科学研究和工程技术开发的最基本工具。仪器科学与技术学科作为研究、开发、制造、应用仪器的学科，新的科学研究成果和发现（如信息论、控制论、系统工程理论，微观和宏观世界研究成果）及大量高新技术（如微弱信号提取技术、计算机软、硬件技术，网络技术，激光技术，超导技术，纳米技术等）均成为仪器科学与技术学科发展的重要动力。仪器不仅本身已成为高技术的新产品，而且利用、集成新原理、新概念、新技术、新材料和新工艺等最新科技成果的仪器装置和系统层出不穷。

5. 仪器及测控单元微小型化、智能化，可独立使用，也可嵌入式使用和联网使用

仪器及测控单元大量采用新的传感器、大规模和超大规模集成电路、计算机及专家系统等信息技术产品，不断向微小型化、智能化发展，从目前出现的“芯片式仪器仪表”，“芯片实验室”、“芯片系统”等看，仪器和测控单元的微小型化和智能化将是长期发展特点。

从应用技术看，微小型化和智能化仪器及测控单元的嵌入式连接和联网应用技术得到重视。

6. 仪器测控范围向立体化、全球化扩展，测控功能向系统化、网络化发展

随着仪器所测控的既定区域不断向立体化、全球化甚至星球化发展，仪器和测控装置已不再呈单个装置形式，它必然向测控装置系统化、网络化方向发展。例如，一个大型水电站的测控系统，仅检测大坝安全性的传感器就达数千个，此外各个发电机组状态及水位情况的检测控制点(I/O 测控点)将超过万点，要达到大型水电站的正常发电和送电，必须将各个测控点的测控装置形成网络化结构，形成一个有机的测控网络系统。又例如卫星测控系统，人造卫星上配置的各种传感器就达到数千，它首先要将卫星上各种测控装置构成一个完整的自动测控子系统，然后和多个地面站的测控系统构成一个广域测控系统。

7. 便携式、手持式及个性化仪器大量发展

随着生产的发展和人民生活水平的提高，人们对自己的生活质量和健康水平日益关注，检测与人们生活密切相关的各类商品、食品质量的仪器，预防和治疗疾病的各种医疗仪器是今后发展的一个重要特点。科学仪器的现场化、实时在线化，特别是家庭和个人使用的健康状况和疾病警示仪器将有较大发展。

(二)仪器科学与技术学科领域科技和产业的发展趋势

1. 学科领域科技发展趋势

学科领域科技发展的趋势是利用各学科最新科技成果，特别是结合材料、微电子、光电子、生物化学、信息处理等各学科及大规模集成电路、微纳加工、网络等各种新技术，开发新的微弱信号敏感、传感、检测、融合技术，物质原子、分子级检测技术，复杂组成样品的联用分析技术，生命科学的原位、在体、实时、在线、高灵敏度、高通量、高选择性检测技术，工业自动化测控的在线分析、原位分析、高可靠性、高性能和高适用性技术，医疗诊治的健康状况监测、早期诊治、无损诊断、无创和低创直视诊疗、精确定位治疗技术，新学科领域的计量技术，各类应用领域的专用、快速、自动化检测和计量技术。这些科技发展趋势，具体表现在下列一些方面。

(1)与微电子技术、MEMS 技术结合，实现敏感单元与信号调理电路集成，有利于敏感单元微弱信号检测、放大及处理，大大减小了传感器体积，有效提高了传感器的抗干扰能力。

(2)与纳米技术结合，基于传感器实现的新方法，采用纳米结构或纳米材料的某些典型特征，设计极高灵敏度的痕量检测微系统。

(3)与生物技术结合，开发微型生物、化学传感系统，用于疾病检测、生化分析、有毒有害物质检测等领域。

(4)与网络、通信技术结合，开发网络化传感技术和微弱信号融合技术，用于有用信号增强及原位、在体、实时、在线、高灵敏度、高通量、高选择性检测等。

(5)结合太赫兹辐射技术，开发太赫兹光谱检测、太赫兹成像分析和太赫兹遥测技术，用于国防、安全检查、材料识别与诊断、生产监测、生物医学应用等领域。太赫兹辐射

(T-射线,波长为 30～3 000 μm 范围内的电磁波)可以像 X-射线那样穿过某些材料"看"到其背后的物质,T-射线光子能量极低,不会对人体和其他材料造成电离,大多数包装材料如纸张、碳素板、塑料等对 T-射线都是透明的,而金属和含有水分的材料不能透过 T-射线,可以利用 T-射线进行成像,透视出包装物品内部物体的 T-射线图像来,从而可以应用于机场行李箱的安全检查和人体内有损伤或破裂器官的检查。

(6)结合分子影像学,开发活体内可见光成像分析、小动物光学分子成像分析技术,可实现无创伤、实时、活体、特异、精细(分子水平)的显像分析。

(7)结合表面增强拉曼散射(SERS)技术,开发针尖增强拉曼显微分析、生物芯片 SERS 分析技术,具有灵敏度高、干扰小的特点,适合于研究界面效应,可以解决生物化学、生物物理和分子生物学中的许多检测难题,有望解决超高灵敏度分析问题,甚至进行单细胞和单分子分析。

(8)结合核磁共振技术,开发新的核磁共振波谱分析、核磁共振成像分析技术,以提高灵敏度、空间分辨率和时间分辨率。其中高时空分辨成像技术,还直接导致形成了脑功能成像这一新的研究领域。

(9)结合像差校正等技术,开发电子、粒子束微区分析技术,利用电子、粒子束探索和分析样品表面形貌、原子和分子结构、元素组成、化学状态。电子、粒子束微区分析技术在材料科学、微电子学、化学与催化、环保、能源、生命科学等领域应用很广,其分辨本领有日益提高的趋势,目前点分辨已突破 1 Å 的限制,能量分辨率达到 0.1 eV 水平。

(10)结合生命科学技术,开发基因测序和基因转录检测技术、蛋白质鉴定和大规模蛋白质间相互作用检测技术、蛋白质组生物信息检测和代谢组学分析技术。

(11)结合生命科学、化学科学与信息科学的发展,在生物芯片技术基础上开发生物芯片检测分析技术、微流控检测分析技术,这是当前正在急速发展的高新技术和科技前沿领域之一,是未来生命科学、化学科学与信息科学发展的重要技术平台,能提供生命信息的微全分析系统;通过分析装备微型化、芯片化、集成化,使分析效率成百倍、千倍地提高,试样和试剂消耗大幅度下降;其最终目标是在芯片大小的空间实现化学实验室的全部功能,即所谓"芯片实验室",受到科技界高度重视。

(12)结合控制技术、通信技术、计算技术、制造技术,开发高性能测控技术,从而使仪器科技产品具有高的测量精度和丰富的功能,使工业控制系统具备适应超大规模、快速响应、核级安全等各种复杂工况所需的功能,并且以软硬件结合的方式向控制优化、管理优化、工程集成方向发展,使大型控制系统具备大量工业自动化设备的协调应用和管理功能,能将不同厂家生产的各种仪器仪表产品无缝地集成为一个协调系统,以满足用户的要求。

(13)结合纠检错理论和自校正、自适应、自诊断等技术,在应用新器件、新材料基础上,开发高可靠性和高适用性测控技术及其产品,从而使仪器科技产品的可靠性呈数量级提高,并适合在高温、高压、高压差、强冲刷、强辐射、强腐蚀、强毒性、多相流等复杂工况和恶劣环境中使用。现场仪器仪表复杂、易损、难以维修的状况正在改变,出现了使用期不需调整维修的仪器科技产品。

(14)结合纳米科技的发展,开发纳米测量技术,建立纳米计量测试标准。

(15)结合量子物理的发展，开展基于量子物理的计量基准的建立和完善。

2. 产业发展趋势

发达国家为了保持产品在国际上的竞争力，都十分重视产品开发，各企业都设有试验研究、设计机构，有相应的实验室。大型公司还有试制车间，对新开发的产品精益求精，力求投入市场的新产品能为用户所信赖。为了加快产品更新换代，企业非常重视科技进步，尽量在新产品中采用各种高新技术及其形成的新型传感器、新型器件(特别是超大规模集成专用电路)及新材料，并采用计算机辅助设计(CAD)和计算机辅助制造(CAM)以缩短新产品开发周期。

国际上仪器科技产品的发展趋势是微型化、数字化、智能化、集成化和网络化进一步向纵深发展，并在产品性能上向高精度、高可靠性、高环境适应性目标前进，在人机界面上更便于人的操作、使用，以及与人类生活、健康有关的各类仪器科技产品有望得到较大的发展并进入家庭，通过家庭、社区、医院联网将使保健、疾病诊治从医院向社区、家庭发展。

仪器科技产品的微型化发展趋势，主要依托于微机电系统(MEMS)的微米/纳米制造技术和微电子 IC 制造技术，使仪器科技产品集机械、传感、测控等部件于一个芯片上，并能按微电子 IC 批量加工工艺制造。

仪器科技产品的数字化、智能化发展趋势，随微电子技术、计算机技术、人工智能技术的发展而进步，它使仪器科技产品与数字处理器，超大规模专用集成电路、PC 技术、人工智能技术进一步融合在一起。国际上目前先进的数字化、智能化仪器仪表系统构成，以数字信号处理系统(DSPS)为代表，它以 DSP 为核心，配合先进的混合信号电路，专用系统集成电路、元件及开发工具等组成对整个应用系统的完整解决方案。在数字化和智能化发展趋势中，硬件和软件处于同样重要的地位，但硬件是基础，仪器使用新器件、新工艺，特别是超大规模集成的新器件，能使原来不能实现的指标成为可能，因此新器件的采用能成为产品竞争的重要筹码。另一方面软件在智能仪表的发展中起着越来越重要的作用，现代仪器仪表设计中软件工作量已占到 70%～80%，这在某种程度上决定着仪器的功能和性能。软件能完成性能指标补偿、自动测试，自检、自诊断、数据采集、控制、传输、显示等功能。有的如计算机、光盘等的评估测试，主要由软件完成。软件将成为今后智能仪表发展的重要方向。未来 10 年，更高程度的智能化应包括理解、推理、判断与分析等一系列功能，是数值、逻辑与知识的结合分析结果，智能化的标志是知识的表达与应用。

仪器科技产品的集成化、网络化发展趋势，以总线技术、仪表及其模块开放式互联标准及通信技术为基础，包括测试软件的规范化、标准化，使自动测试系统的构成向大生产领域和军事工程领域扩展，并能提供所需测试的系统方案或系统的集成能力。

医疗仪器作为以人体疾病诊疗、预防为目标的装置。随着全球性医学目的以治愈疾病和阻碍死亡为主调整到以预防疾病和早期诊断为主，国际上医疗仪器的发展重心将向早期诊断装置、个人健康状况监测装置方向发展。除无损伤诊断成像技术包括超声、X 线、CT、MRI 将向高度准确方向发展外，新的无损诊断技术将不断出现。内窥镜和导管技术的发展将使无创和低创的直视诊断深入到人体各个脏器和病变部位，从而获得精确的形态、功能、病理等电生理诊断。计算机技术和人工智能技术，将在病情的综合分析和准确诊断中发挥重要作用。人们对与健康、亚健康、疾病状态相关的信息量需求越来越多,而这些信息量的获取在很大程度上依赖于临床实验。临床检验仪器的发展将呈现两极分化的趋势。其一是临床实验室检验仪器发展的中心化。全实验室自动化(Total Laboratory Automation,TLA),就是通过计算机整合系统将临床实验室相互有关或互不相关的自动化仪器串联整合起来,构成流水线检测作业的组合,形成大规模的检验过程自动化。其二是临床实验室检验仪器发展的简便化。随着集成电路技术、芯片技术等高科技的发展,社会的快速发展导致生活节奏的加快,相关医学健康知识的普及,使得临床检验仪器不断向小型化、床边检验、即时检验、患者自己操作的方向发展。在治疗方面,各种内窥装置和介入影像等手段将在各科临床手术中常规使用,以使手术创伤降低到最低限度;能直接完成手术治疗的智能医疗仪器将受到重视,这类医疗仪器实际上是一个完整的具有人工智能的手术操作系统,能实现病变部位的自动识别、自动定位、自动操作,自动调整,从而精确完成所需的手术治疗。

仪器科技产品在生物、环保、医学等有关人的生存、发展领域的应用日新月异,现代高科技军事方面的发展也促进了仪器科技产品的应用拓展,灵敏、准确的现场毒物检测、生命保障任务也大大扩大了仪器科技产品的应用领域。

四、我国仪器科学与技术学科领域科技和产业发展的基本状况分析

(一)我国仪器科学与技术学科领域科技和产业发展的基本状况

几十年来我国仪器科技产品基本上划归机械系统管理,这实际上是将仪器仪表的功能主要作为机械类产品处理。但仪器科技产品作为信息源头的本质作用及为国民经济各部门所急需是客观存在的事实。在机械系统归口的仪器科技产品难以满足要求的前提下,许多部委和集团公司出于自身发展的需要,先后建立起一大批有相当规模和数量的仪器科技产品的研究机构和生产企业,从而形成我国仪器仪表产业除国家机械部门外,分散归属在信息产业部、科技部、中国科学院、国防科工委、教育部、国家食品药品监督管理局、航天工业集团公司、石油化工总公司等 20 多个部门的现状。其中除国家机械部门较全面发展各类仪器仪表技术装备外,信息产业部着重发展信息技术电测仪器,科技部和中国科学院着重发展科学仪器,国家药品监督管理局着重发展医疗仪器,其他各部委和集团公司着重发展满足自身需要的专用测量仪器仪表。

至于仪器科学与技术学科领域的科技开发,计划经济时代受学习前苏联的影响,仪器科技开发和产品生产基本处于分离状态,仪器科技开发主要由行业研究所进行,开发的成果以新型仪器仪表产品为主,生产企业接受对口行业研究所的新产品开发成果进行生产。行业研究所负责产品样机的试制和试点应用(重要产品有时还包括产品小批量试生产),实际上起产品研究所的作用;生产企业负责批量生产,成为名副其实的工厂,很少科技开发能力。仪器科技开发的另一力量则分布于开设仪器科技学科相关专业的高等院校中,是进行仪器科技开发的基础研究力量,是行业研究所科技开发的重要同盟军,但与生产企业联系较少。我国仪器科研这种以产品开发为主的历史原因,也造成我国评估仪器科技

水平以评估仪器产品水平为主的传统并一直沿用至今。

目前，我国正处于从计划经济向市场经济转型过渡时期，多年来国家仪器管理机构不断调整，仪器科研院所向科研和产业化生产紧密结合型企业转变，仪器生产企业不断加强科技创新能力，并向创新主体方向努力，国有企业加强改制，民营和“三资”企业的快速发展，使我国仪器科技和产业经受住了市场经济的冲击和国有体制的束缚，渡过了改革开放初期经历的低潮期，呈良性快速增长态势。与此同时，我国已将仪器仪表研发列入《国家中长期科学和技术发展规划纲要》(2006—2020 年)，并在国家中长期科学技术发展规划的第三专题《制造业发展科技问题研究》中作为“与信息化、智能化相适应的仪器仪表”列入专题研究。国家发改委将工业自动化仪表与控制系统及科学仪器产业化分别列为高技术产业化专项。科技部已将“流程工业数字化仪器仪表”列入国家“863”计划先进制造技术领域重点项目，将《科学仪器设备研制与开发》列入十一五国家科技支撑计划重大项目。2006 年国务院《关于加快振兴装备制造业的若干意见》中将“自动化控制系统”、“关键精密测试仪器”分别列入主要任务和 16 项重点突破任务中。

目前，我国仪器科学与技术学科从理论研究、计量基准、产品制造技术、新器件、新材料、新工艺的研究和应用等方面已日趋完善，并形成门类品种比较齐全、布局较为合理、具有相当技术基础和生产规模的仪器仪表产业体系，已成为亚洲除日本以外最大的仪器仪表生产国；是发展中国家中综合实力最强的仪器仪表生产国。从产品的科技水平分析，目前绝大部分国产仪器产品的科技水平处于国际 20 世纪 90 年代初、中期的水平。中低档产品品种基本齐全，能够批量生产，且质量稳定；例如，电工仪器仪表在国内市场占有率达 95%，并有 13%产品出口。深圳市每年生产数字万用表达 700 万台，出口世界 90 多个国家，中低档数字万用表的产量占世界总产量的 80%。少数中高档产品，已接近国际水平。在工程应用技术方面，已经能够承担一部分国家重大工程仪器仪表系统成套工作。如 6×10^5 kW火电机组，3.5×10^6 t/a 炼油装置，20 000 m^3/h 空分装置、核电站常规岛控制系统等，开始摆脱国家重大工程全部由国外公司垄断的局面。但在高技术含量的自动化仪表及系统、科学测试仪器、传感器、元器件等产品的竞争上，国内仪器仪表行业基本上都处于相当被动的境地。

据国家统计局、教育部和有关行业部门统计，至 2005 年底，我国设立仪器科学与技术学科相关专业的高等院校达 180 余所(不包括部队院校)；仪器仪表行业规模以上企业为 3391 个，比 2004 年的 2 494 个增长 36%，职工人数为 65 万，年增长率为 18.2%。“十五”期间，仪器仪表产业发展的年增长率超过 22%，超过国内经济发展的平均年增长率一倍以上。2005 年国内仪器仪表市场需求旺盛，增长迅速。在国民经济快速发展推动下，受电站、汽车、公用设施工程、住宅建设和国际市场回暖等影响，继续保持前两年快速增长的态势。据国家统计局和有关行业部门统计，2005 年国内生产仪器仪表总产值在 2003 年年增长率 26.2%、2004 年年增长率 22.4%的基础上，仍以 26.9%的年增长率达到 1 777 亿元。2005 年国内生产仪器仪表销售收入在 2003 年年增长率 25.4%、2004 年年增长率 23.3%的基础上，仍以 25.8%的年增长率达到 1 726 亿元。另据中国海关统计，2005 年我国仪器仪表行业商品出口总值 52.5 亿美元，与上年度同期相比增长了 30.8%(2004 年出口总值 40.6 亿美元，年增长率为 38.4%，2003 年出口总值 29.4 亿美元，年增长率为52.6%);2005年仪器仪表的进口金额为140.1亿美元,与上年度同期相比增长了15.7%(2004年进口金额122.3亿美元,年增长率为35.2%;2003年进口金额91.5亿美元,年增长率为67.8%)。仪器仪表进口增速继续减缓,出口增速继续加快,2005年进出口逆差为87.7亿美元,2004年进出口逆差为81.7亿美元,2003年进出口逆差为62.1亿美元,仪器仪表的进出口逆差增速减缓。2005年出口产品中,系统形式的分散型工业过程控制设备的年增长率达324.9%,使用光学射线的分光仪、分光光度计及摄谱仪的年增长率达186.4%,感量为0.1 mg及更精密天平的年增长率达93.6%,B型超声波诊断仪的年增长率达89.7%,核磁共振成像装置的年增长率达95.6%,低剂量X射线安全检查设备的年增长率达177.2%,坐标测量仪的年增长率达449.5%。以上说明我国仪器仪表出口产品和整个行业的技术含量在快速增长。

2005年仪器仪表主要企业任务饱满,销售增长率高于行业平均水平。其中重点企业更是发展迅速,提高了行业的生产集中程度,有利于行业的科技发展和结构调整。2005年仪器仪表销售收入过亿元的企业达320家,占企业总数的9%,而销售收入占行业的63%;销售收入过3亿元的企业89家,占企业总数的2.6%,而销售收入占行业的41%。

2006年年初,有关方面曾按我国2006年GDP增幅将比2005年增幅下降0.6个百分点而达8.8%的预测,2006年仪器仪表行业产销增幅将比2005年增幅下降5～6个百分点,增幅约为20%。目前,据国家统计局和有关行业部门统计,2006年1～7月,国内生产仪器仪表总产值达到1 172亿元,同比增长27.4%;实现销售收入1 093亿元,同比增长25.4%。另据国家海关统计,2006年1～7月,我国仪器仪表行业商品出口总值35.3亿美元,比上年同期增长28.1%;仪器仪表的进口金额为86.1亿美元,比上年同期增长16.9%。说明我国仪器仪表行业2006年的运行态势好于年初预测,继续保持十五期间,特别是2005年的良好运行态势。

(二)差距

1.技术方面的差距

技术方面的差距主要体现在:

(1)产品的可靠性较差。对基础技术和制造工艺的研究不够,一些影响可靠性的关键技术,如精密加工技术、密封技术,焊接技术等至今还没有得到很好的解决,导致产品(特别是高档产品)的性能不够稳定和可靠。现有国内高档产品的可靠性指标(平均无故障运行时间)与国外产品相比,大致要相差1～2个数量级。

(2)产品的性能、功能落后。现有国内产品在测量精度上要与外国产品相差1个数量级。在功能上,目前外国产品智能化程度相当高,通过对原始信息的数字处理,更好地排除了外部干扰对信息影响,提高了产品的耐环境性和测量真实性。而国内现有产品智能化程度还较低。另外,产品的网络化在国外已经进入实用阶段,而我国基本上处在起步阶段。

(3)产品技术更新的周期长。当今国外产品的更新周期大约在2～3年。新技术的储备往往可以提前到10年。而我国企业往往通过引进外国技术来实现一代产品的更新,引进后又不能很好消化吸收，在新产品开发方面原创性成果很少。一些采用新原理的产品，在我国还处于空白状态。科研院所在跟踪新技术方面虽然有成果，但与企业结合产业化相当艰难。

(4)缺乏针对使用对象而开发的专用解决方案。国外近年测量控制与仪器仪表的发展趋势是开发仪器仪表与应用对象紧密结合的软件产品，最终向用户提供个性化的解决方案。例如针对 6×10^5 kW 火电机组的机组性能计算软件、炼油工艺的优化软件、专门用于医疗仪器的图形处理软件等。我国企业在这方面尚未形成产业。

2. 企业综合实力方面的差距

企业综合实力方面的差距主要表现在：

(1)行业规模小，仪器仪表行业的总产值较低。不仅是绝对量小，在经济总量中的比例也很小。2005 年国内仪器仪表总产值占国内生产总值(GDP)的 0.975%、国内工业总产值的 2.332%，虽比 2003 年的 0.82%和 1.79%有一定提高，但仪器仪表行业的总产值在经济总量中的比例仍偏小。而据美国商业部国家技术和标准研究院(NIST)提出的报告称：美国 20 世纪 90 年代中期仪器仪表工业产值就占工业总产值的 4%，有力地推动了当时美国的经济发展。我国仪器仪表行业的企业绝大多数是中小企业，2005 年全行业有规模以上企业 3 391 家，年销售额超过 10 亿元的不足 15 家，缺乏综合实力强的“旗舰”企业。企业缺乏大型工程的工程能力。在人力、财力上都不能在市场上与外国跨国集团抗衡。因此，在市场竞争方面处于弱势。

(2) 企业劳动生产率低。由于仪器仪表属于高科技产业，低劳动力成本的作用不明显。国内企业管理水平普遍低于外国企业，因此，制造高技术含量产品的企业，劳动生产率远低于外国企业。

(3) 企业开发投入普遍不足。由于国内企业几乎全部是中、小型企业，在人力、财力方面都不能支持足够的、长期的技术创新投入。以科学仪器为例，一般国外公司的开发投入占销售额的 10%，而我国仅占 3%。

(4) 近期，国外仪器仪表行业纷纷以独资、合资方式占领我国仪器市场，也是对我国仪器仪表行业极大的挑战。

3. 形成差距的原因

造成以上差距除历史原因造成的基础落后外，主要原因有：

(1)企业运行机制还不能完全适应市场经济发展的要求。在发展的过程中，一批国家投资的骨干企业面临产品老化、技术人员流失的严峻局面，经改制，虽在生产与经营上有所改善，但科技创新能力仍然不够；一批机制创新、运行灵活的民营企业正在逐步成为新的亮点，但多半尚未能掌握先进核心技术，创新成果少，还不能与外国大公司抗衡。

(2)产、学、研、金、政、用有机结合的体制和政策没有形成，创新成果转化率低，应用技术落后。改革开放初期，仪器仪表行业与国外差距大，企业普遍向外寻求技术来源，虽然近期有所转变，也有企业脱颖而出，但总体上企业自主创新技术成果与应用结合好的不多。高等院校涉及测控技术及相关仪器的科研成果不少，但实用性较差；对相关的生产制造技术，特别是核心工艺技术研究深度和力度不够，二次开发的工作量很大，成果的转化率低。高中档仪器产品和系统涉及不同领域内具一定深度的应用技术，国外企业设有专业部门并拥有经验丰富的应用人才，而我国仪器仪表企业往往对大型工程工艺不熟悉，缺乏应用技术及集成能力；加上有些大型应用企业（典型的如很多大型石化企业）对国产仪器和控制系统近年来的快速发展情况不太了解，不敢用国产系统；不少企业的领导受现有体制的束缚，不愿冒险用国产系统；更有部分企业已经习惯用进口系统并成了“文化”，根本不想用国产系统。应用开发力度不够，影响自主创新成效和能力的提高。仪器仪表是典型知识密集、技术密集型产品，敏感于高科技发展，是多种高新技术融合的综合体，因此，产、学、研、政、金、用的有机结合就显得十分重要。我国目前条块分割，各自为战，低水平重复的现象还较普遍，缺乏有效的指导与引导，仪器科技成果产业化率低、与应用结合不够紧密的问题仍然十分突出。

（3）缺乏国家强有力的研究支援体制。仪器仪表行业品种多、批量小，需要长期的、坚持不懈的投入。但目前投资总量不足且投资效益不佳。投资途径分散，难以集中重点。课题的选定和研究成果的公正且透明的评价体制尚不完善。企业既不能像外国那样完全按照市场经济规则参与竞争，又缺乏关于包括研究资源的战略投资的进行方式、新技术市场化所需要的市场环境的整理等国家战略。

此外，缺乏高层次的复合型人才和熟悉、精通各学科交叉的综合型人才，也是造成差距的一个重要原因。因为仪器科学技术不仅涉及的学科范围广泛，并且只有能尽快发现、利用、集成各种新原理、新概念、新技术、新材料和新工艺等最新科技成果的人，才能设计和制造出世界一流的测量控制与仪器仪表产品。国际上仪器科学技术发展十分迅速，我们只有在一些关键技术和产品上有所突破，才会对我国国民经济发展的独立性、完整性和安全性产生深远的影响。

五、我国近期仪器科学与技术学科领域科技和产业主要进展

近期，我国仪器科学与技术学科加快发展，出现了相当数量的对国民经济和社会发展有重大推动作用的技术进展，在仪器仪表产品微型化、集成化、智能化、总线化等发展方向上紧跟国际发展步伐，并加大具有自主知识产权的先进仪器仪表的研制和产业化力度，各类仪器仪表及相关传感器、元器件和材料等领域均取得可喜进展。下面按学科组成领域描述我国近期取得的主要进展。

（一）工业自动化测控技术及工业自动化仪表与系统领域

由于我国正处在能源和重化工业的高速增长阶段，工业自动化仪表和控制系统需求旺盛，与国际市场低速平淡的运行格局形成鲜明对比。国际市场该行业年增幅为3%～4%，进入21世纪以来，我国该行业的产销年增幅都在22%以上，多数年份接近30%。近年来，我国自行研发的分散型控制系统（DCS）、电磁流量计、无纸记录仪、智能化电动执行机构等高中档产品，有的基本性能和水平与国外产品接近，市场占有率不断上升，而且在部分核心技术和标准制定方面基本与国外先进水平同步，特别是具有自主知

识产权的EPA实时以太网标准的制定及其进入国际标准行列，使我国自动化行业在某些领域初步具备与国际跨国集团平等对话的权利。据国家海关统计数据显示，2005年工业自动化仪表与系统的出口商品总金额达6.31亿美元，年增长率为45.7%，其中系统形式的分散型工业控制设备的出口年增长率更是高达324.9%。近期该领域的主要进展如下：

(1)现场总线仪表和大型控制系统的产业化和大型工程的应用取得重大进展。

① 解决了现场总线在仪器仪表和控制系统中应用的一些关键技术，在基于HART、FF现场总线的变送器、执行机构、控制系统等方面取得了重大成果，达到国际先进水平，并已开始实现产品化，打破了由国外大公司垄断的局面。

②研究解决了工业实时以太网系列关键技术，原创性地提出了EPA(Ethernet for Plant Automation)工业控制网络通信技术，制定了我国第一个拥有自主知识产权的现场总线国家标准和国际标准。

③先进控制与优化软件产业化取得重大突破，产生了一批国内知名企业和著名品牌，树立了国产自动化仪表与系统的良好形象，国产控制系统的产业规模和竞争力得到相当大的提升，已基本可以平等地与国际著名跨国公司Aspen、Honeywell竞争，促使进口设备的价格大幅度降低。

④冗余技术、抗干扰技术、故障诊断和维护技术等的研究取得进展，解决了大型控制系统在工程应用中的可靠性问题，在石油化工、大型电力、核电、冶金等领域得到广泛应用。

(2)近期自主开发的“硅电容压力变送器”精度高、稳定性能好，达到了国外高精度压力变送器的技术指标，在国内高精度压力变送器的开发制造上实现了零的突破。该产品已获得国家专利，并且通过与国内其他公司的合作开发出CXT高精度压力/差压变送器，实现了产业化。CXT变送器通过合理的结构和高速器件的选择，整机响应速度得到了很大的优化，可优于150ms。响应速度的提高，使得该变送器能适用于紧急停车等安全要求极严格的场合，在整机性能上已经部分达到甚至超过了国外相应产品的指标，完全可以替代国外产品。

(3)从智能型阀门定位器和智能型电动执行机构的产业化工作开始，围绕智能型调节阀及智能型附件等关键产品进行开发，完善模块化设计技术、智能型调节阀接口技术及模拟试验技术等，成功实现气动、电动智能型调节阀产业化生产和应用。

(4)开发智能电磁流量计的设计、制造、检测技术，使电磁流量计等产品不仅具备国内领先技术水平，而且与国外产品具有同等技术水平，具有高精度计量和现场总线功能，可与新一代FCS系统配套，实现双向数字通讯，从而满足我国能源、石化、冶金、建材、石油、环保等支柱产业的配套需要，并将促进流量测量技术的发展。

(5)在引进红外吸收、紫外吸收、磁氧工业过程气体分析器的制造技术基础上，大力开展引进技术消化吸收再创新工作，完成了有自主知识产权、专利技术的工业过程智能气体分析仪等七类产品，主要分析微量(PPM)级到常量(%)级SO_2、NO_X、CO、CO_2、CH_4、NH_3、O_2、H_2、Ar、微量水(PPM级)等气体成分量。适用于国内石油、化工、化肥、电力、冶金、环境保护、制药等领域的高端市场的需求。产品的技术水平为国内同类产品一流，部分产品达到国际同类产品的先进水平。可以与 ABB、SIEMENS、SERVOMEX 等国外著名厂商竞争。

(二)科学测试、分析技术及科学仪器领域

我国刚开始进行改革开放时，由于既受市场经济的冲击，又受国有体制的束缚，科学仪器的发展经历了一个低潮期，许多大型科学仪器厂纷纷入不敷出、难以为继，科学仪器产业曾经一度明显萎缩，我国科学仪器基本被国外仪器占领，“八五”期间国产科学仪器的市场占有率仅为 13%。“九五”期间，在国民经济快速发展推动下，各行各业对科学仪器的需求快速增长，科学仪器走出实验室进入国民经济发展的主战场，科技部实施了科学仪器攻关，开展了突出具有我国自主知识产权的创新技术攻关，不仅开发了一批具有我国自主知识产权的新型科学仪器，而且推动了产、学、研的紧密结合。“九五”期间，我国科学仪器的平均年增长率达到 25%，是各类仪器仪表中发展最快的。“九五”结束时，以分析仪器为核心的科学仪器的国产化率达到了 30%。科学仪器的研究开发和产业的发展开始逐渐走出低谷，并驶入快速发展阶段。通过“十五”攻关，我国分析仪器产业进一步获得发展，并在科学仪器方面取得了一批具有自主知识产权的成果。目前大部分中低档产品已基本达到国外同类产品水平，如光谱分析仪器领域，具有自主知识产权的原子荧光光谱分析仪，占领了整个国内仪器市场，中档紫外可见分光光度计和原子吸收分光光度计，除满足国内常规分析的需求外，还有部分出口；高端科学测试、分析技术及其相关产品也有较大进展。近期该领域的主要进展如下：

(1)扫描电声显微镜研制，兼备电子显微镜高分辨率和声学显微非破坏性内部成像的特点，获得 3 项中国发明专利和一项国外发明专利权，荣获国家技术发明二等奖，拥有自立知识产权。电声显微镜及相关器件已出口到美国、德国、日本、荷兰、新西兰等国家及中国台湾省，被誉为“我国大型仪器出口到发达国家和地区的成功范例”。

(2)超高分辨率光电子能谱仪研制，2006 年 11 月完成“真空紫外激光角分辨光电子能谱仪”，具有多项专利技术，达到当今世界上最高分辨率 0.26 meV 和最高动量分辨率 $0.0039 Å^{-1}$的技术水平，为我国提供了研究先进材料的重要手段。

(3)深致冷仪器设备的核心技术研究，在“新型深冷混合工质节流制冷”技术上取得重大突破。其核心技术是改变工质实现整个深冷温区的高效制冷，具有我国自主知识产权，荣获 2006 年度国家技术发明二等奖。以该核心技术为基础，已生产出“高性能冷冻干燥机(仪)”、“高性能真空冷阱/捕集器”以及生命科学必备的活性物质深冷保存设备。后者已推出系列化产品，其中－180 ℃的设备可替代液氮致冷系统。该核心技术将使我国摆脱以往 97%以上深致冷仪器设备依赖进口的局面。

(4)生物芯片和微流控芯片技术及仪器研制，在生物芯片和相关产业方面，我国已具有与国际竞争的水平，其中核酸分析芯片、免疫分析芯片、毛细管电泳芯片和生物芯片点样仪、杂交仪、扫描仪等产品已占国内市场份额的 40%以上，并经国际认证，打入国际市场，约占国际市场的 8%左右。2006 年成功研制出“蛋白质芯片生物传感器系统”，将多种蛋白质活性微列阵、生物分子特异结合性与高分辨率椭偏光学成像技术结合，提供了一种新型无标记蛋白分析技术。达到国际先进水平。生物芯片和仪器在生命科学、疾病预测

和预防、食品安全、环保等公共安全领域有广阔的前景。

在微流控芯片技术及仪器领域，随着《微流控生化分析系统的基础研究》项目的启动和研发成功，已彻底改变了我国在该领域落后的面貌，且已超过日本，仅次于美国，位居世界第二。该技术与仪器是生命科学，化学科学的重要技术平台和依托技术，前景可观。

（5）二维 CCD 阵列探测器光谱仪研制，采用多光栅集成技术，对光谱在二维空间 10 重折叠，使实际光谱区测量宽度分别扩展 10 倍，在小于 0.1 ms 内，以优于 0.07 nm 的光谱分辨率，实现了 200～1 000 nm 波长范围内快速和高灵敏度光谱测量和分析。采用 CCD 或 CMOS 阵列探测器的光谱仪是一项革命性设计，它通过多光栅结构对成像光谱进行高密度折叠，在很宽的光谱区内实现高分辨率、快速和长时间可靠测量，将会成为现代光谱仪设计中一个主流技术和发展趋势。被国际同行 Laser Focus World（激光聚焦世界）和 Photonics Spectra（光电子光谱）称为“原创性重要贡献”。在国内已获专利发明权。

（6）原子荧光光谱仪及联用技术，极具中国特色、具有自立知识产权，已处国际领先地位。已有一批骨干生产企业生产，不仅满足国内需求，还有外商代理，销往国外。特别对于当前欧盟的 ROHS 指标（对电子电器产品中的 Hg、Pb、Cr（V1）、Cd 的含量有极严格的限制）已于 2006 年 7 月启动，原子荧光可测定上述 4 种重金属元素，我国制定的相应标准正进行国际认证。另外原子荧光与色谱分离系统联用，可检测元素价态，能对食品、保健品中的毒性和安全性作出更确切的评价。

（7）近红外光谱分析的化学计量学方面研究已走在世界前列。各种近红外光谱仪近年来都已开始小批量生产，其中关键性的化学计量学应用、建模、共享模型以及方法和标准的研究等许多方面已走在世界前列，许多国外著名厂家在我国销售近红外光谱仪都依托我国开发的软件，并已广泛地应用于农业、医药、食品、石化等领域。

（8）质谱仪研发和生产取得突破性进展。以往我国质谱仪完全依赖进口，近两年取得突破性进展，已研发和小批量投产多种型号的质谱仪。

（9）在便携式气相色谱仪研制上取得进展，批量生产小型便携式气相色谱仪和便携式光离子化气相色谱仪，填补了我国空白。

（10）基于核磁共振原理研发出核磁共振测井仪和核磁共振探水仪，前者已小批量生产，后者已列入“十一五国家科技支撑计划重大项目”的产业化示范。

（11）近两年我国在高性能紫外/可见光光谱仪、塞曼原子吸收光谱仪、电感耦合等离子谱仪、微波等离子谱仪、气相色谱仪和液相色谱仪、离子色谱仪、智能化自动滴定仪等科学仪器的性能和产业化规模上都有显著的提升。

（12）全日面太阳光学与磁场观测仪器的研制。太阳磁场观测研究是天文学的前沿和热点课题，是太阳物理研究的基本课题，是空间天气学的研究基础和预报基础。我国为解决太阳大尺度矢量磁场观测研究和空间环境预报问题，成功地研制出全日太阳光学与磁场监测仪器并正式投入使用，在世界上首次获得了高时间分辨率和高磁场分辨率的全日面矢量磁图。2006 年在北京召开的 COSPAR2006 国际会议上，该仪器得到外国专家高度评价：“这是中国天文学家们在基础仪器研究方面取得的巨大突破，在太阳活动区电流螺度监测方面是一个绝对领导者”。

(三)人体诊疗技术及医疗仪器领域

1. 国家科技攻关项目取得的主要进展

科技部、卫生部、教育部组织实施的“十五”国家科技攻关计划项目“医疗器械关键技术研究及重大产品开发”于2006年1月通过验收。其中有关人体诊疗技术及医疗仪器领域的成果,从总体上反映了我国该领域的原始创新、二次创新及集成创新技术成果,对于开发自主知识产权产品,促进我国医疗仪器产业跨越发展,提高我国医疗仪器水平,扭转高档医疗仪器依赖进口的局面具有现实意义。攻关项目完成所表现的主要进展如下:

(1)数字化彩色超声成像系统研制出达到国际先进水平线阵探头、可谐波成像的相控阵探头。

(2)多层螺旋CT的研制项目完成了多层重建算法、心脏功能分析及板载高压发生器等关键技术及核心部件研究,开发了国内领先,并达到国际先进水平的两层和八层螺旋CT产品。

(3)普及型低剂量直接数字化X射线机,在技术引进消化吸收后实现再创新,研制出自主知识产权、进入国际先进水平的线阵探测器,生产出适合我国国情的低剂量数字化X光机,并开始出口。

(4)低生理负荷的睡眠监测系统项目,研究发明了适于大众化、简易化和低负荷的睡眠检查技术产品。

2. 其他科技和产业发展的主要进展

(1)在数字化医学影像仪器领域,已经突破了永久磁体磁共振成像系统(MRI)国际公认的场强极限,自主开发了世界第一台0.45 T医用永磁MRI系统,在永磁MRI磁体、梯度等核心技术上走上世界科技前沿。开发出MRI图像导航介入治疗系统,将手术导航系统结合到磁共振扫描机上,把手术器械(如穿刺针)的影像及虚拟的进针路线投射到MRI实时成像的解剖图像上,以达到准确定位和实时监控,现已进入临床试用阶段。“磁共振导航”为微创介入治疗带来新的突破,为降低造价、跻身国际前列,提高自给率奠定了坚实的基础。目前我国已成为国际上低场永磁开放式MRI系统的最大生产国和出口国。成批生产出适合我国国情的普及型低剂量直接数字化X射线机。它具有自主知识产权的线阵探测器,实现数字化采集光子信号,将X线图像信号转换成数字化影像,降低了本底噪声。这个基于平板探测器的动态DR系统乃是全球首先投入临床使用的机型,在国内占有较大的市场份额,并已进入国际市场。多层螺旋CT项目完成了多层重建算法、心脏功能分析及板载高压发生器等关键技术及核心部件研究,开发了国内领先,并达到国际先进水平的两层和八层螺旋CT产品。高性能超声探头灵敏度及换能器频带宽度达到国际高性能换能器的先进水平。首次自主创新开发出宽频带、高灵敏度和低误差的高性能凸阵、线阵探头,实现批量生产,具有国际竞争力,为我国发展完全自主的高性能B超系统提供了重要的基础。全数字高档黑白B超诊断系统,已实现宽频带变频扫描技术。2006年9月,国内首台全数字彩色多普勒超声诊断仪上市,该仪器采用发射频谱精确控制、加权发射、多倍信号并行处理、相位增强谐波、特异性组织成像及特异性伪差去除技术等，实现了二维彩色图像显示。

(2)准分子激光人眼像差矫正系统，开发出世界上第一台 WFA-1000 主观式人眼像差仪、AOV-FOB 准分子激光眼科治疗机，并且成功地联网应用，将测量像差数据直接用于准分子激光的个性化切削，实现了真正意义上的人眼像差个性化切削矫正。主要创新点包括发展了屈光矫正和像差测量理论，突破瞳孔边界提取与跟踪、角膜粗糙度控制、主动眼球跟踪等关键技术。

(3)监护仪、心电图机、动态心电图等技术和产业方面步入成熟阶段，形成了品牌产品，不仅满足国内市场，还远销海外。便携式多参数监护仪和中心监护系统已进入国际高端监护仪器行列。十二道数字式心电图机，采用数字信号处理波形特征与小波变换检测的方法，精度达 99.8%。自动分析采用逻辑判断和模式识别技术，可以自动识别的病例达 170 多种。动态心电图监测与分析系统，以高性能数字信号处理器为基础，由心电记录器和分析工作站两部分组成，使用效果优良。

(4)临床检验分析仪器高水平产品硕果累累，凸现了珠江三角洲企业集群异军突起的实力。我国第一台自主知识产权的全自动生化分析仪采用分光光度原理和透射比浊原理，集合了自动加样、自动混匀、反应盘温控、光电测量、试剂制冷、反应杯更换等系统，实现了检验过程的全自动化，测试速度可达每小时 300 次。新近研制成功五分类血液细胞分析仪。它采用特殊的化学试剂对细胞进行处理，使五类白细胞在体积和内部结构上产生更加明显的差异。经激光照射产生散射光，收集前向和侧向散射光以获得细胞体积和内部结构信息，实现白细胞的五分类测量。该仪器可提供 27～40 项测量和研究参数，每小时可处理 80 个样本，打破了国外仪器的垄断。

(5)采用微机电系统(MEMS)制造技术，国内首家胶囊内镜开始临床应用，居世界第二。整机由智能胶囊、图像记录仪和影像工作站等 3 部分组成。产品突破低功耗图像处理系统设计、近距宽景非球面镜头、双工多通道无线传输等关键技术。主要创新点为可控的收发方式与实时真彩色图像监测。

(6)研制完成全固态绿光激光治疗前列腺增生系统，已经进入临床验证阶段。该系统依据选择性光吸收原理，进行前列腺良性增生气化切除，备有导光传像光纤和电视摄像装置。具有独立知识产权，为全球第二家。

(7)探索中西医结合的医疗仪器技术。我国近年在数字化舌像仪技术方面取得显著进步，为中医客观化、数字化、标准化提供了基础；关于磁共振功能成像在针灸过程中的应用，引起国际影像界的重视；研究建立光子中医学，使激光针灸与激光血管内照射疗法进入临床应用；提出脉搏波的工程分析与临床应用，有望今后用于社区、家庭的远程医疗监护。

(四)信息计测技术及电测仪器领域

1. 电工计测技术及电工仪器仪表

电工计测技术及电工仪器仪表是以电磁测量信息处理技术为基础，主要研究各类静态和动态电磁参量测量与信息处理仪器仪表、测控装置及系统，并由此形成电工仪器仪表行业。

我国电工仪器仪表行业经过 50 多年的发展已经形成了门类齐全，具有较强科研实力的全球规模最大的产业集群。骨干企业 700 余家，员工 16 万多人，产销能力 9000 万台(套)，工业总产值 200 亿元人民币以上；其中电能表产销量世界第一，且多数具有自主知识产权，是国产率最高的行业之一，目前出口率超过 13%、出口增长率约 28%，是一个具有极强国际竞争力的行业。

主要市场服务范围包括电力、冶金、交通、矿山、石油化工、轻工机械等行业，以及教育、科学试验、军事工程、宇航技术、医疗卫生、环境保护、标准计量等领域，是仪器仪表行业极其重要的分支。特别是近几年来，随着国家城乡电网改造的进行，电工测量仪表取得了跳跃式发展，高标准、高起点自主开发了一大批高科技产品，技术和产品总体上达到国际标准，同时企业的集中度不断提高，规模不断扩大，核心竞争力不断增强，产品出口辐射到 20 多个国家。近期该领域的主要进展如下：

(1)近年来在电磁计量基准标准及关键测试技术方面取得了突出的进展：① 在理论和技术上取得突破性成果的基础上，我国全面参加国际比对，量子电压基准居突出的位置，量子电阻基准高出国外最高水平一个数量级，达到 10^{-10} 水平，功率基准比对成绩优秀。通过比对，在国际上建立各国之间对计量能力的相互承认，从而促进了国际贸易和电能表出口；② 以扩频为方向，从音频向 1 MHz 发展，建立了一批新的基准标准，同时原有基准标准的量程频段得到进一步扩展；③ 在电磁计量基准标准的研究中，广泛采用国际先进的理论和技术，同时注重创新和发展有自己特点的技术，在低温电流比较仪、采样测量等关键技术方面取得显著的进步。

(2)电工仪器仪表国际标准化战略的实施，强有力地促进和加快了产业国际化进程，同时对行业的技术创新和产业结构调整起到关键性的推动作用，引导并促成电能表等龙头产品的成功转型。近 5 年内，对电工仪器仪表“国家标准体系表”进行了科学化疏理、规范和调整，组织制定、修订并颁布实施新国家标准 17 项、行业标准 8 项，正在制(修)订的正式立项的国家标准 17 项、行业标准 1 项。坚持“早期介入、积极跟踪、适时出台”的基本工作思路，为本行业的高新技术产业发展与克服国际贸易中的技术贸易壁垒提供了及时的支持和正确引导。同时，实质性参与国际标准的制(修)定、国际技术交流和标准化活动，实现与国际接轨。2003 年 5 月，IEC/TC85(电工及电磁量测量技术委员会)秘书处正式转入中国，落户哈尔滨电工仪表研究所，实现我国承担国际电工技术委员会专业秘书处零的突破，得到国家标准化管理委员会高度重视和认可。这标志着我国开始在国际标准化事业中发挥重要作用，承担起组织国际范围的电工仪器仪表领域的标准制修订和标准化工作。

(3)电能表综合技术与质量达到国际先进水平，并已进入国家电网关口计量副表地位：① 多家企业先后研制并生产出 0.2 S 级三相多功能电能表，在技术上采用准同步采样、动态负荷实时反应、实时跟踪温漂及零漂补偿等技术；面向系统设计，采用开放式通信协议，具有可在线更换的外置通信模块、实时测量、谐波测量、电能质量分析等功能；②0.1 S级三相多功能电能表研制成功，并通过权威机构检测，拥有自主知识产权，全部运算功能由硬件电路实现，具有高可靠性和抗电磁干扰能力，适应复杂环境下的在线实时计量，电能计量准确度已高于 IEC 标准要求；③ 国产专用芯片发展迅速，三相多功能表和单相表已大量采用，较好地取代进口器件，性价比及可靠性大幅提高。

(4)基于开放式“自动抄表系统”系列国家标准(GB/T19882、GB/T 19897)，电能计量及远程自动抄表、管理、分配系统的构建技术实现多方位突破和应用。系统实时性、兼容性、可靠性、面向对象的互操作、抄表成功率得到有效解决。基于 GPRS、CDMA 的远程无线自动抄表系统在技术争议中不断发展，取得长足的进步，正在大面积推广使用；低压电力线载波自动抄表系统采用扩频、跳频、正交频分复用、阻抗适配滤波、转发中继等技术，不断克服我国电网拓扑复杂、污染严重带来的较多的实际问题，抄表成功率大为提高。

(5)“高压电能计量关键技术和量值溯源的研究”在国际上首次完成对电能计量柜、高压电能表和电网网口电能计量系统进行整体校准和计量检定关键技术和量值溯源的研究。其测量范围涵盖 GB/T16934 要求的电压 380 V～35 kV(线电压)，电流20～1 000 A。全量程电能计量准确度达到 5×10^{-4}。从而为整体校准和检定电能计量柜、高压电能表、电压电流互感器组合及电网电能计量系统奠定了坚实的技术基础，将为提高我国电能计量和电网管理水平作出突出贡献，并因此创造较大的社会和经济效益。该项目属于拥有完全自主知识产权的技术创新，达到国际先进水平。

(6)谐波电能计量在理论、技术、新产品研发上均取得突破性进展，已探索进入电力市场。基于小波分析的谐波与冲击负荷测量理论及算法的研究成果开始得以应用；新研制的高端三相多功能电能表已具备谐波测量功能；三相谐波表具有分相的基波和谐波计量功能。

(7)开发动态畸变条件下电能测量与电能质量分析技术，其中频域稳态功率电流分解方法、时域瞬时功率电流分解方法、时域稳态功率测量方法和第一代小波变换功率测量方法的研究取得实用化成果，并有产品问世。

(8)电工仪器仪表的制造技术大幅度提高。0.01 级电能计量标准已经建立；基于总线技术构架调校自动化系统平台、专家系统、图像识别等技术进一步提高了生产的自动化程度和产品质量的可靠性及一致性；正弦波脉宽调制技术成功引入测试电源，预置失真和矢量纹波动态补偿等技术克服了 SPWM 技术失真大、供电源影响严重等问题；加上现场模拟技术和专用模拟装置的使用，电工仪表制造技术走向节能、高可靠性、全自动化的新阶段，电工仪器仪表产业的国际市场竞争力不断增强。

2. 电子计测技术及电子测量仪器

电子测量是测量技术的基础和重要组成部分，电子测量仪器是电子测量的直接实现设备，被广泛应用于自然科学的各个领域，随着信息技术的迅猛发展和广泛应用，测量技术已成为信息技术的源头和关键技术，在国民经济发展和国防现代化建设中发挥着重大的作用。

近年来，国内在电子测量仪器的研究和生产中取得了显著的进步，国内厂家生产的中低端产品已占据大多数的国内市场，国外同档次的产品正逐渐退出。同时，在部分高端产品方面也有明显的突破。近期该领域的主要进展如下：

(1)通用电子测量仪器，数字示波器最高采样率达到 1GS/s，存储深度 1MB，产品已经成功销往 42 个国家与地区。

(2)微波毫米波测量仪器，已成功研制高水平的矢量网络分析仪，并实现了系列化，有

10 多个型号可供用户选择，包括同轴和波导校准件在内的测试附件齐全，配套性强，能够满足不同层次用户的测试要求，其频率范围可在 0.0003～110 GHz 内选用。国产矢量网络分析仪的研制成功，使我国矢量网络分析仪的设计和制造水平跨入了世界先进行列，成为继美国之后世界上第二个掌握此项技术的国家，产品的技术水平和品种可以与国外同类产品相比。

成功研制微波大功率自动调配器，可广泛应用于采用负载牵引测试技术对被测微波网络的矢量阻抗以及大功率状态下微波器件、部件组件、分系统或系统的多参数进行综合测试领域，通过与其他设备组成综合测试系统，能够快速、准确地测量出 T/R 组件、振荡器、各种发射/激励源的输入/输出阻抗、提取噪声参数、非线性互调失真等复杂参数值，是雷达、电子侦察与电子对抗、航空航天、卫星通信、大功率电子反射/干扰机等尖端军事电子系统的研制和生产过程中必不可少的测试设备，综合性能指标达到国外同类产品的先进水平，填补了国内相关领域同类产品的空白。

（3）通信与网络测量仪器，近年来国内发展迅速。在用于现场测试与维修的成套仪器方面，国内已作出较好成绩。在我国自行提出的 TD-SCDMA 标准基础上，推出了有关数字电视的频谱分析仪、综合分析仪、场强仪、码流分析仪及机顶盒专用测试设备等。

研制成功 10 Hz～2.5GHz 的调制域分析仪，达到国外同类产品的水平，填补了国内空白，为我国跳频领域的电子设备和军事装备提供了低于国外价格 1/3～1/2 的测试手段。

研制出了数字电视全部 4 个层次上的测试仪器，能解决所有通用协议分析及物理层各种指标的测试，这无疑将对我国数字电视产业的发展起到很大的推动作用。

（4）基于 VXI、PXI 测控总线的虚拟仪器，出现了军用和民用测试控制领域取得较大成就和较高业内知名度的企业。在系统集成、产品开发、软件设计等方面都积累了丰富的经验，已开发和研制出 200 多种、100 多套 CAMAC 系统和模块，16 大类 200 多种 VXI/PXI总线系列产品及配套附件，先后完成了包括"神舟"飞船及国防"杀手锏"武器测控系统等各类 VXI/PXI 系统集成项目 100 多套。研制生产的部分产品打破了国外对我国的垄断、禁运和封锁，填补了国内空白，为我国国防装备测试与保障装备的国产化和自主保障作出了贡献；为石油、化工、电力、轻工、钢铁、铁路等民用工业领域提供了大量高性价比的测控产品。

研制出了 20 多种 PXI 总线高性能虚拟仪器模块，包括 200 MHz2 通道并行 12 位数字存储示波器模块、32 通道高速图形 I/O 模块、24 位 32 通道高精度 DELTA-SIGMA ADC 模块、100 kHz 16 位 32 通道扫描 A/D 模块等高性能产品。

（5）网络化电子测量仪器（LXI 仪器），作为测试系统发展的未来，将在以太网中扮演重要角色。LXI 仪器模块化平台标准可以很好地满足测试系统构建的要求，尤其在远程分布式测试与故障诊断应用中将发挥非常显著的作用。目前，已组建中国 LXI 总线联合体，旨在沟通 LXI 的研究、制造和应用诸方面的信息交流，并与国际 LXI 联盟建立联系，以最快速度、最高效率将国际最新技术标准引入国内电子测量仪器行业，促进我国自动测试技术及系统的发展。

（6）综合测试系统及故障诊断技术取得明显的进步和发展，从全盘引进、仿制到自行研制开发，取得了较大的成绩，已成功研制出多种综合测试与故障诊断系统，并广泛应用于航空航天、工业生产和军事装备。在航空测试领域，采用综合测试与故障诊断系统对某系列先进战机火控系统、机载电源、机载雷达、机载计算机、翼下武器挂点等设备进行故障检测，不仅解决了因一线部队技术力量薄弱而造成对机载火控系统技术保障的困难，也为提高部队现代高技术条件下局部战争的快速抢修、应急修理和机动保障能力，尽快恢复、持久保持机载火控系统的综合战斗力，提供了一定的研究思路和发展途径。

在航天测试领域，为了保证运载火箭、卫星、载人飞船的测试需求，自主研制开发了各种综合测试设备与故障诊断系统，不但保证了地面静态与动态测试的需要，还很好地实现了空中在线实时监测、故障检测和隔离以及故障预测，同时将诊断结果传输给地面诊断维修系统，实现了故障的早期预测和快速准确诊断，是我国在该领域具有自主创新意义的重要代表。

（五）相关传感器、元器件、材料及技术领域

1. 相关传感器及技术领域

传感器技术是涉及机理研究与分析、设计与研制、性能评估与应用等的综合性技术，是一门多学科交叉的现代科学技术。

“九五”期间，通过科技攻关，我国传感器领域水平得到较大提高。主要以工业自动控制、机电一体化、科学测试仪器为服务领域，以市场需求为导向，以提高敏感元件及传感器的技术水平、可靠性水平和产业孵化为目标，安排工程化研究、新产品、共性关键技术攻关三个层次内容。“十五”期间，国家自然科学基金委员会和科技部部署了传感技术相关的研究课题，使我国这一领域的研究工作得到迅速的发展。全国已有近1700家企事业单位从事传感器的研制、生产和应用，MEMS等5项新型传感器被列入研究开发的重点；国家发展与改革委员会决定从2002年开始组织实施的新型电子元器件产业化专项中有5项新型敏感元件与传感器已经启动；一些省、市建立了“传感器产业基地”、“MEMS科技股份有限公司”。

近期，《国家中长期科学和技术发展规划纲要（2006—2020）》在支持的重点领域及其优先主题“信息产业及现代服务业”中列入了“传感器网络及智能信息处理”，并在前沿技术中重点支持“自组织传感器网络技术”。我国国家自然科学基金2005年将网络传感器中的基础理论和关键技术列入计划，2006年国家自然科学基金将水下移动传感器网络的关键技术列为重点研究。传感技术与传感器领域呈现出良好的发展态势。近期该领域的主要进展如下：

（1）传感器工艺技术方面，在微型惯性器件的MEMS加工工艺技术、封装技术等方面取得了突破性的进展，基本形成微型惯性器件MEMS工艺小批量制造能力，实现了4英寸①硅片上的高g传感器批量制造。器件性能经YH评价结论为：“与美国Endvco公司同类产品进行Hopkinson杆对比实验，结果表明该传感器的性能完全达到美国产品的技

① 1英寸=2.54 cm。

术水平”。

(2)研制成功具有自主知识产权的 MEMS 硅电容传感器及硅复合传感器,并将大规模投产。两种产品及相关技术填补了国内该项目空白,将改变我国企业一直依靠进口硅电容传感器的历史。

(3)研制成功硅隔离耐高温微型压力传感器,能在−30～250℃环境下完成1 000 MPa以下任意量程范围的压力测量,能承受 2 000℃瞬时高温冲击。该项目的研制成功有效解决了我国石油化工、航空航天、汽车工业等领域高温环境下压力测量的技术难题,具有很高的推广和使用价值。

(4)研制成功精度优于 0.02%FS 的高温大压力谐振筒传感器和小型化谐振筒压力传感器,拓展了我国在高性能谐振筒压力传感器方面的技术优势。高温大压力传感器可以实现 4 MPa,−55～165 ℃的压力测量,可用于航空发动机、火箭发动机压力调节系统等,实现压力的精确测控;小型化谐振筒压力传感器直径只有 4 mm,传感器的体积不到常规谐振筒传感器的 1/5,可用于我国新一代智能化、嵌入式航空机载大气参数测量系统。

(5)研制成功一种全新的力数字式陶瓷厚膜传感器,能在压力或重力的外部激励下,直接输出大幅值数字信号,能与现场总线兼容,不需放大和 A/D 变换就可与计算机系统直接通讯,可提高信息传输质量,降低信息传输成本,为力传感器的数字化、网络化和智能化奠定基础。

(6)位移传感器研制取得进展,其中水下位移传感器可在水下 1 000 m 正常运行,它采用静磁栅绝对编码技术,直接输出绝对位移数据,无需变送器单元;磁敏角位移传感器可对角度进行高精密计量和检测,它采用世界先进的强磁性金属薄膜磁敏电阻作为传感元件,并与检测器、差动放大器等合成一个整体,不需要附加电路,使用非常方便,并分析率高,精度高。

(7)为 神舟 6 号载人飞船发动机研制了 6 种型号、21 种规格的控制系统温度传感器,经过几十次试验及火箭发射中心的模拟运行,产品各项性能均达到要求。

(8)首次利用多孔纳米固体研制出 ZnO 气敏传感器,成功解决了困扰传感器生产厂家多年的 ZnO 气敏传感器本征电阻过高和工作稳定性较差的问题。

(9)近两年来,我国在生物传感器方面投入了大量的人力物力进行研究和探索,取得了一些不错的成果。如研制出一种新型的电化学 DNA 纳米生物传感器,它可在 1～2 h 内快速检测到约 2 万多个 DNA 分子,检测灵敏度达到 10 fmol/L 的 DNA,超出常规荧光 DNA 检测方法约 3 个数量级;成功研制出“蛋白质芯片生物传感器系统”及其实用化样机,该研究将多种蛋白质活性微列阵、生物分子特异结合性,与高分辨率椭偏光学成像技术相结合,提供了一种新型无标记蛋白质分析技术,该系统使用单一非标记试剂检测靶分子,能够更好地保持生物分子的活性,减少非特异信号的影响,提高蛋白质分子相互作用检测的灵敏度,实时、直观地显示检测结果,并具有鉴别伪信号的功能。

(10)中国国家自然科学基金委员会将无线传感器网络列为重点研究项目。开始在时钟同步与定位、传感器数据管理系统、嵌入式无线传感器网络节点、可重构技术、无线传感器中的定位等方面开展了研究工作。

(11)“863”计划中的传感器技术涉及到2006年专题中十大领域的方方面面，包括：资源环境技术、新材料技术、现代农业技术、现代交通技术、海洋技术、地球观测与导航技术、信息技术、生物和医药技术、先进制造技术、先进能源技术领域。

2. 相关元器件及技术领域

“仪器仪表元器件”主要涉及硅基力敏元件、磁敏元件、气敏元件、仪用光学薄膜元件、弹性元件五大领域。

硅基力敏元件是目前敏感器件中应用最广、用量最大的器件，市场占有率超过25%，广泛应用在工业自动化、环保、航空航天、汽车工业、化工、医疗、大气和海洋测量等国民经济各领域和国防工业中。

磁敏元件的发展也是走过了一条由浅到深、由易到难，逐步发展的道路。就磁敏元器件材料应用来讲，从单质的Ge、Si，到Ⅲ－Ⅴ族化合物半导体，再到现在的复合异质结构材料、合金材料等；从器件的结构看，由原来的体型器件发展到集成型、薄膜型、复合薄膜型等；从器件原理及性能看，由原来的普通霍尔器件、磁阻器件、磁敏晶体管，到现在的巨磁阻、低功耗强磁体磁阻、非晶金属磁敏元件硅基力敏元件、威根德磁敏元件等。器件的灵敏度、稳定性得到很大提高，体积小、功耗低。应用领域由原来的单纯磁场检测，发展到电量、位置、位移量检测以及信号记录、存储、读取等，在计算机、工业自动化、军工、民用、汽车等多领域得到广泛应用。

气敏元件中，目前烧结型气敏元件仍是生产的主流，占总量90%以上；接触燃烧式气敏元件已具备了生产基础和能力；电化学气敏元件已开发出部分产品；生物电化学气敏元件的研究刚刚起步。

仪用光学薄膜元件作为仪器光学系统中的关键元件，作用越来越大，系统设计与薄膜元件的联系也越来越紧密。应用遍及工业控制、光显示(相机、投影等)、光通讯、生物医学等领域。

弹性元件种类很多，包括波纹管、膨胀节、膜片膜盒、弹簧等，其中以波纹管在仪器仪表中的应用影响最大。

近期该领域的主要进展如下：

(1)硅基力敏元件制造技术取得重大进展。它用MEMS技术在SIMOX(注氧隔离)结构的SOI(Silicon On Insulator)硅片上制造硅基力敏元件，首先解决了在0.2 μm厚度的硅单晶层内制造具有压阻效应的敏感电阻技术，同时攻克了高温复合电极工艺，耐高温保护液充灌、引线连接等关键技术，敏感器件的典型工作温度可达到－55～＋300 ℃。这种无PN结的敏感元件突破了一般PN结敏感元件125 ℃的极限温度，从原理上解决了硅基力敏元件的热稳定性难题，从而使在硅基力敏元件基础上制造的传感器成为真正的高稳定性的高温压力传感器，并具有耐辐照特性。为新型工业用硅电容差压传感器、硅压阻复合压力传感器、高温压力传感器的批量生产奠定了基础。

(2)薄膜技术在磁敏传感元器件制造中成功应用，研制成功低功耗薄膜磁阻器件和InSb薄膜霍尔器件，建立了生产线，产品水平与国际同类产品水平相当，低功耗薄膜磁阻器件产品已经在流量检测领域得到批量应用。

(3)研制成功电化学氨气、甲醛、乙烯、乙醛、光气、氯气敏感元件及传感器，解决了国内这些类型的敏感元件及传感器一直依赖进口的难题。

(4)研制成功MEMS瓦斯气敏元件/光纤传感器，它以纳米敏感材料为基础，以MEMS微机电系统加工为手段，以光纤技术实现光信号的传输，是MEMS技术、纳米技术、光纤技术的结合，突破原有的化学传感器、催化燃烧元件的工作原理，是一种新的光学原理，由于没有热源，又是光信号传输，非常适合煤田井下应用。

(5)仪用光学薄膜元件制造技术取得一定进展，研制成功生物医学荧光滤光片、变密度滤光片、紫外反光镜、长寿命冷反光镜等新产品。其中生物医学荧光滤光片高端具有光谱特性好、透过率高、截止深度深、陡度高、环境稳定性好、几乎不漂移等特点；变密度滤光片主要特点为光中性度好、线性度好，主要出口欧美等技术发达的国家和地区；紫外反光镜主要用以紫外曝光与紫外固化，是应日本某公司的要求研制，于2005年完成，产品光谱特性好，中、近紫外段的反射率高($>90\%$)，可见区透过率高且平缓；长寿命冷反光镜主要应用在光学引擎及投影仪等光源用的高品质反光镜，产品采用膜系优化设计、大功率离子辅助成膜技术、特殊设计的盘式行星夹具及高温成膜工艺，可见区反射率高($>95\%$)，红外区透过率高($\geqslant85\%$)，产品一致性好。

(6)采用电沉积工艺制备小尺寸直径的波纹管，目前达到的最小直径为内径1.2 mm，这是采用其他成形方法无法达到的。电沉积波纹管灵敏度高、精度好，可以作为测量元件使用。同时，电沉积波纹管具有较大的位移量，其最大位移可以达到其自由长度的50%以上。电沉积波纹管的疲劳寿命比较高，可以达到100万次。

(7)在波纹管设计制造的基础上，研制成功高压组合电器用温度补偿器和波纹管式换热器。高压组合电器用温度补偿器在无焊缝低泄漏的密封机构设计、耐高压的等静压铆接结构工艺、提高使用寿命的小波距深波纹的波形设计、吸收推力的弹性平衡机构、专用工装设备的设计制造方面进行自主创新，通径覆盖230～900 mm的80多个品种规格，产品替代瑞士ABB公司、日本日立公司产品，在三峡工程中广泛应用。目前已开发成功了为110 kV、220 kV、300 kV和500 kV全封闭高压组合电器配套的波纹温度补偿器系列产品，获得6项专利。正在研发的800 kV的高压组合电器用温度补偿器产品，达到国际先进水平。目前已经形成年产值超亿元规模，带动国内高压开关行业产值10亿元以上。

波纹管式换热器为传统的列管式换热器带来了革命性的技术革新，波纹管不再单纯作为弹性元件使用，而是作为热交换设备的关键配套件，起到提高热交换效率的作用。与传统列管式换热器相比，波纹管式换热器在同等体积情况下，热交换效率提高30%以上。目前，波纹管式换热器不仅包括供暖行业的碳钢产品，主要是石化、化工、碱厂、造纸等行业的钛管、双向钢、蒙耐尔等材料的波纹管式换热器，产品主要是替代进口。国内波纹管式换热器年产值在3亿元以上，带动相关行业产值100亿元。

3.相关材料及技术领域

仪器仪表相关材料特指用于制造仪器仪表所必需的，对其性能起关键决定性作用的功能材料。这些材料在元件、器件、整机或系统中，可实现对信息与能源的感知、采集、计测、传输、屏蔽、绝缘、吸收、贮存、记忆、处理、控制、发射和转换等目的。可以说，仪表功能材料是仪器仪表的基础和先导，是推进各类仪器仪表发展与进步的必备条件，在国民经济、国防建设、科技开发和社会发展中，无疑将充当越来越重要的角色。

仪表功能材料种类繁多，用途广泛，有着十分广阔的市场前景和极为重要的战略意义。传统的仪表功能材料主要包括测温材料、电阻材料、导电材料和电接点材料、磁性材料、弹性材料、膨胀合金、热双金属、电真空材料、封接材料、光学材料和特种玻璃等。

经过几十年发展，我国仪表功能材料已经取得了长足进步，建立了门类比较齐全的行业，相当一部分仪表功能材料产品的性能已经达到国际标准或国外先进标准的要求，光学玻璃、贵廉复合带材、铠装测温与加热电缆不仅能满足国内中低端市场的需要，还大量出口国外。近期该领域的主要进展如下：

(1)国家仪表功能材料工程技术研究中心建成并通过验收。

(2)铠装线形热敏电缆材料及其温度传感器研制取得较大进展，铠装热敏电缆材料长度可达几十米甚至数百米，用它制成的温度传感器可监测其沿线上的温度状况。近期完成的热偶型热敏电缆成果，具有完全自主知识产权，主要技术指标如测量范围、精度、敏感温区、弯曲半径、响应时间等均完全达到当今国际同类产品先进水平，在目前国内大型化工企业汽化炉招标中，多次击败国外企业，实现了国产控制系统与传感器的工程化应用。

(3)完成国家军用标准“潜艇核动力装置冷却剂回路测温用铂电阻温度计规范”的制定，通过专家审查，即将正式发布。该标准结构严谨，内容先进，不仅填补国内空白，使我国核级铂电阻温度计在国防工业中的应用有了标准规范，同时将大大促进国产核级铂电阻温度计在我国民用核电工业的应用。

(4)开展了特种环境条件下磁致伸缩材料及物位传感器的研究，取得了可喜的进展。目前已研发出适合于高温、辐照等环境的高品质磁致伸缩功能材料及传感器，并将应用于国防工程。

(5)在电磁感应特种铠装电缆基础上完成钢水下渣检测传感器的研制，其各项功能指标与目前世界上最先进的下渣传感器基本一致，已替代进口产品，成功用于武钢、太钢、包钢等钢铁企业，开始全面向国内钢铁企业推广应用，将为我国钢水质量的提高发挥积极作用。

(6)对应力自感知水泥基复合材料及传感器的制作设备、工艺、测试系统进行了较为系统的研究，也取得了初步进展。应力自感知水泥基复合材料是在传统的水泥或砂浆中添加特定导电材料或纳米材料复合而成的具有压阻效应的材料。利用这类材料的电阻率与其自身压应力存在一定对应关系的特性，可以制成性能独特的应力自感知水泥基复合材料传感器。因其具有造价低、耐久性好、埋设工艺简单以及与混凝土材料相容性好等特性，有望成为混凝土结构长期健康检测的新一代传感装置。

(7)成功实现高端镧系光学玻璃生产的技术改造，实现 φ250 mm、φ400 mm 的生产，实际成型规格为 φ400 mm×80 mm，实现了大尺寸镧系玻璃成型技术的突破，丰富了我国镧系玻璃的产品规格。

六、我国仪器科学与技术学科发展的未来需求和目标

(一)我国仪器科学与技术学科发展的未来需求

本学科发展的未来需求是确定仪器科学与技术学科领域科技发展方向和产业发展重

点的基础。现代仪器仪表在当今社会经济活动中还发挥“物化法官”的重要作用。同时，仪器仪表在试验教学、气象预报、大地测绘、诊治疾病、指挥交通、探测灾情等社会生活许多领域都有广泛应用，需求遍及“农轻重、海陆空、吃穿用”无所不在。下面主要从未来10年国民经济、社会发展和国防安全的战略目标，分析仪器科学与技术学科的未来需求。

(1)国民经济的发展要改变产品档次低、技术含量低、主要靠数量增加的粗放式发展模式，走以质取胜的集约式发展之路，必须广泛采用信息技术，用信息化带动传统产业的发展。仪器科学与技术学科是信息技术的重要组成部分，在实现“精确工业”、“精确农业”……的过程中有巨大的需求。

(2)科学技术是第一生产力，科教兴国已成为既定国策。大力加强科研和建立以企业为主的技术创新体系，提高自主开发和自主创新能力，仪器科学技术必须先行。

(3)面对世界超级大国的超强“精确打击”军力，为了国防需要，部队的快速反应能力和武器的精确打击能力急需提高，对作为军事上战斗力的仪器科技同样有巨大的需求。

(4)面对资源短缺、水资源危机、生态环境恶化的严峻局面，要保障人民健康和社会的可持续发展，必须加强生命科学、食品安全、环境保护、公共安全(包括反恐、反毒)、商品质检、临床医学、医药科学等领域的研究和发展，从而增加对仪器科学与技术学科的未来需求。

(二)我国仪器科学与技术学科发展的目标

我国仪器科学与技术学科发展的总体目标是：从目前至2020年，必须充分利用我国经济高速发展和巨大的市场优势，结合测控技术的深化研究，大力推进新技术、新工艺在仪器仪表中的应用研究，掌握各类仪器仪表的设计、生产工艺等关键技术，满足国民经济、人民健康和国防安全在生产、科研、应用各个方面对测量控制与仪器仪表的需求，减少进口，扩大出口，使我国仪器科学与技术学科领域科技和产业总体水平与国际水平差距普遍缩短到3～5年；工业自动化仪表和控制系统、科学仪器、医疗仪器、电测和计量仪器、各类专用仪器仪表、相关传感器和元器件及材料等领域约30%的产品达到国际同期先进水平，国内生产的仪器仪表在大工程中的配套能力达到80%以上。

七、我国仪器科学与技术学科领域科技研究方向和产业发展建议

(一)我国仪器科学与技术学科领域科技研究方向建议

从仪器科学与技术学科领域各组成部分相互关系、共性问题以及我国国民经济、科学研究、国防建设、社会发展全局进行战略研究，建议学科领域科技研究方向为：新型传感器及信息获取技术；与国家重点工程相配套的过程控制系统和测控装备及其系统集成技术；精确制造中的测量控制技术及仪器仪表；微分析仪器及其关键技术；数字化医疗仪器及其关键技术；基于量子物理的计量基标准系统。

1.新型传感器及信息获取、传感技术

传感技术不仅是检测的基础，它也是控制的基础。这不仅因为控制必须以检测输入

的信息为基础;并且是由于控制达到的精度和状态,必需感知,否则不明确控制效果的控制仍然是盲目的。信息获取、传感技术是仪器科学与技术学科的基础技术;新型传感器是发展高水平测量控制仪器仪表的基础。传感技术已成为制约测量控制仪器仪表发展的瓶颈。

新型传感器及信息获取、传感技术主要是对客观世界有用信息的检测,它包括有用被测量敏感技术,涉及各学科工作原理、遥感遥测、新材料等技术、信息融合技术;传感器制造技术等。信息融合技术涉及传感器分布、微弱信号提取(增强)、传感信息融合、成像等技术、传感器制造技术涉及微加工、生物芯片、新工艺等技术。

2. 与国家重点工程相配套的过程控制系统和测控装备及其系统集成技术

工业发达国家高新技术仪器仪表产品品种约占总品种数的75%,而国内还不到20%。工业自动化仪表和控制系统的仪表品种国内满足率,一般性工程项目达80%,大型工程项目还不到50%,主要缺少智能化和高精度、高可靠性、大量程、耐腐蚀、全密封、防爆等有特殊要求的自动化仪表品种。与国家重点工程相配套的过程控制系统和测控装备主要解决智能化和高精度、高可靠性、大量程、耐腐蚀、全密封、防爆等有特殊要求的自动化仪表品种。主要包括符合现场要求的各类传感器及检测仪表,实时流程分析仪器及在线分析技术,新型现场控制系统,e网控制系统,以工业控制计算机、可编程控制为基础的开放式控制系统及先进控制技术,特种测控装备和测控技术,系统成套集成技术等。

系统集成技术直接影响测量控制仪器仪表的应用广度和水平,特别是对大工程、大系统、大型装置的自动化程度和效益有决定性影响,它是系统级层次上的信息融合控制技术,包括系统的需求分析和建模技术、物理层配置技术、系统各部分信息通信转换技术、应用层控制策略实施技术等。在操作人员为多种不同岗位的操作群体情况下,还应包括各级操作人员需求分析技术。系统集成技术还涉及智能控制技术,它是要求测控系统以接近最佳方式监控智能化工具、装备、系统以达到既定目标的技术,是直接涉及测控系统效益发挥的技术,是从信息技术向知识经济技术发展的关键。智能控制技术可以说是测控系统中最重要和最关键的软件资源。从目前发展趋势看,在企业信息化ERP/MES/PCS三级结构的计算机测控系统中,软件的价格已超过硬件的3倍。而有关石化、冶金、电力、制药行业中自动化测控系统的先进控制软件价格就超过系统硬件价格。智能控制技术包括仿人的特征提取技术、目标自动辨识技术、知识的自学习技术、环境的自适应技术、最佳决策技术等。

3. 科学仪器中的微分析仪器及其关键技术

分析仪器是科学仪器中最重要和发展最快的组成部分,而微分析仪器包含的微量检测、微型化、高灵敏度、高分辨率和高智能化内涵,则代表了分析仪器的一个重要发展趋势和技术水平,在生命科学、食品安全、环境保护、公共安全(包括反恐、反毒)、临床医学、医药科学和化工等领域得到越来越多的应用。微分析仪器及其关键技术的研究方向包括:

(1)开展高灵敏度、高分辨率、高性能水平的微结构型传感器研究,将生物芯片技术、新型化学传感器技术、多组分(多参数)集成传感器技术应用于分析仪器的研制和开发。

(2)开展分析仪器微型化和相关微分析技术的研究，重点进行微分析仪器使用的共性技术和新技术的研究，如微流控技术、微加工技术、微检测技术、微光源、全点子分光系统、微分光仪、新型芯片等的研究。

(3)过程分析、在线分析使用的微分析仪器及其关键技术研究。

(4)不同类别分析器联用技术的研究。当复杂基体的微量、痕量物质的含量及结构分析对分析对象的分辨能力提出极高的要求，且单一的分离技术甚至质谱分离技术均已无法从复杂的信息中分离出所需的有用信息时，需要通过相关不同类别分析器的联用技术对物质的成分、结构、形态甚至综合形态进行分析，以便同时获得原子和分子的信息。

4. 精确制造中的测量控制技术及仪器仪表

先进制造业的规模和水平是衡量一个国家综合实力和现代化程度的主要标志。为使我国由一个“制造大国”转变为一个“制造强国”，必须实现从传统制造向精确制造的转变。精确制造中的测量控制技术是实现制造过程高附加值和产品高品质的保障。精确制造中的测量控制技术及仪器仪表，主要包括：网络化、协同化、开放型的测控技术及系统组成，重大工程中的特大型及关键零部件成形及加工制造中的测控技术及仪器仪表，精密成形制造及超精密加工制造中的测控技术及仪器仪表，制造过程中的无损检测技术及仪器仪表，激光加工中的测控技术及仪器仪表，亚微米到纳米级微细制造中的测控技术及仪器仪表，智能仿生自适应技术及仪器仪表等。

5. 数字化医疗仪器及其关键技术

以数字化技术带动传统医疗仪器的发展，满足人民健康的需求。发展重点是数字化医学影像诊断设备，数字化物理治疗和手术设备，数字化显微、内窥和激光诊疗设备，数字化医疗信息系统。关键技术包括生物传感及数字成像技术、高能射束监控及机器人或机械手操作技术、显微内窥光学及激光监控技术等。

6. 基于现代量子物理的计量基标准系统

计量基标准是计量科技的核心，是国家测量量值的源头。计量科学研究的主要目的是不断提高计量基标准的精度和测量的准确度。目前，国际上的计量科技发展趋势是由实物计量基标准向量子计量基标准转变，通常同类量子计量基标准比实物计量基标准准确度高两个以上数量级。

基于量子物理的计量基标准系统，其主要内容是以量子理论为基础的若干计量基标准的建立及量子计量基标准所需的量子计量器件的研制。量子计量基标准包括现代国家时间频率基准(离子存储光频标、空间守时钟)和国家时间频率量值溯源体系及守时与授时系统，交流约瑟夫森电压基准，量子化霍尔电阻基准和单电子隧道效应电流基准构成的现代电学计量基标准，电功率质量自然基准，现代热力学温度计量标准及绝对测量方法，光辐射基准，长度量子基准，物质的量量子基准。量子计量基标准所需的量子计量器件的研制包括交、直流约瑟夫森电压阵列器件，交、直流量子化霍尔电阻器件，量子电流基准器件(SET)，温度量子标准器件，超导量子干涉器等。

(二)我国仪器科学与技术学科领域产业发展建议

1. 工业自动化仪表与控制系统

(1)以石油、化工、钢铁、电力、交通运输、国防安全、环保、轻工、水利等重大工程项目为依托,致力于新一代主控系统及其综合自动化开发和产业化,主要包括集散控制系统、现场总线控制系统和以工业计算机为基础的开放式控制系统等;国内生产的产品,2010年要满足50%的大型工程项目,2020年要能满足80%的大型工程项目。

(2)先进控制、优化软件开发与产业化集成产品,主要包括先进控制技术、过程优化技术、实时监控软件平台、信息集成软件平台、系统集成技术等软件集成产品;2010年30%的自控系统具有"交钥匙"能力,到2020年,50%的工程项目做到"交钥匙"。

(3)智能仪表、采用现场总线技术的检测仪表、执行器与变送器、成套专用控制装置和成套专用优化系统的开发与产业化;2010年国内生产的产品品种和价值均要达到70%,2020年达到85%。

2. 科学仪器

2010年老产品要更新换代,国内生产的产品品种和价值达到市场需求的50%,2020年达到75%。重点围绕生命科学、农业和食品、材料科学、环境与能源等直接关系到人类生存和发展的各学科和领域的需求,加强引进消化、自主研究、开发和产业化。要加快科学仪器在线化和固态化的进程,进一步提高科学仪器的功能,扩大科学仪器的应用领域。

(1)量大面广的通用仪器

重点解决色谱、光谱、质谱、电化学等各类通用仪器的稳定和可靠性,开发高灵敏检测器和高精度传感器,进一步提高仪器的技术水平和设计制造能力。

(2)特定领域的专用仪器

农产品品质和食品营养成分检测、农药及残留量检测、土壤速测等农业和食品专用仪器;海洋仪器;大气、水和固体废弃物安全监测和预警用成套环境专用仪器,各种灾害监测仪器;生命科学用分离分析仪器及面向医疗单位包括中小医院的各种生化分析仪器;计量仪器;航天仪器等。

(3)具有自主知识产权和特色的新型仪器

重点发展各种微分析仪器、智能仪器、联用仪器、虚拟仪器、成像仪器及相关技术和部件。

(4)科学仪器软件和支撑系统

着重发展各种科学仪器应用软件、标准化数据处理软件、提供使用可靠、扩展性强的通用型科学仪器开发平台和仪器测控数据系统以及支撑系统。

3. 医疗仪器

2010年国内生产的产品品种和价值达到市场需求的50%,到2020年达到70%。

(1)开发研制医用光学仪器,包括内窥镜、眼科光学仪器、手术显微镜等。

(2)研发全数字化成像、高档黑白超和彩超、新型换能器为关键技术的超声医用仪器。

(3)研究开发数字化核磁、X线影像系统、高温超导型核磁共振系统、精细手术和微创手术系统等大型医疗仪器及临床信息系统。

(4)研究开发高能智能化肿瘤治疗大型仪器系统，包括数字化控制系统、高能管技术、放疗模拟定位机改造以及多光阑系统等关键技术。

(5)结合面向社区、家庭的小型化和便携式医疗仪器远程通信和网络化的发展，加强预防医疗系统及疾病控制系统的研究开发。

4. 电测仪器与自动测试系统

(1)精密数字电表、自动检测和测试系统、网络化测试系统要在2010年生产线关键工序配备自动化监测仪器，在线检测和故障诊断系统，满足20%的企业建立整机自动化检测系统，2020年50%的企业建立整机自动化测试系统，实现在线自动检测，发展微机智能检测。

(2)通信、计算机、网络测量仪器、集成电路测量仪器及自动测试系统；

(3)微波、毫米波测量仪器及测试系统；

(4)数字电视、广播、多媒体测试仪器及系统；

(5)航天航空自动测试系统及设备；

(6)可大量出口的电测仪器仪表，如电度表、数字万用表等。

5. 计量测试仪器

计量测试仪器是保证设备产品质量，提高产品创新能力不可或缺的手段。我国计量测试仪器的落后，在一定程度上制约了我国制造业的发展。随着科学技术发展，国际上新的基于高新技术的基准标准不断出现。加入WTO后，我国的计量水平与国际水平的一致性变得越来越重要。必须使我国的计量能力保持与我国经济发展相适应的水平。因此，开展重要的计量基准的研究也是仪器科学与技术学科发展的重要组成部分。

(1)基于量子物理的计量基标准的建立，包括交流约瑟夫森电压基准、量子化霍尔电阻基准和单电子隧道效应电流基准构成的现代电学计量基标准等；

(2)量子计量基标准所需的量子计量器件的研制，包括交、直流约瑟夫森电压阵列器件，交、直流量子化霍尔电阻器件和超导量子干涉器等；

(3)先进机械制造中微电子制造业中的几何量在线计量仪器，包括：视觉传感器和其他在线测量传感器；光电式数字化无导轨在线三坐标测量机；大尺寸三维空间坐标现场校准仪器等；

(4)远程计量校准，包括在线测量仪器动态校准和量值溯源等。

6. 传感器、元器件、制造工艺及仪表材料

(1)用于现场总线及智能化仪表的压力、温度、流量、液位等的新型传感器，用于环保等领域的多功能传感器，生物传感器，智能传感器，航天航空领域需求的微型化传感器等。

(2)元器件：特殊弹性元件，计数器，仪表专用电路(ASIC)和厚膜电路，测控模块、接插件，测量系统的插件机箱等。

(3)仪表材料重点研究开发薄膜化、小型化、纤维化、粉体化、复合化、多功能化、材料—元件一体化、智能化等各种新材料；纳米材料；功能陶瓷材料等。

7.测量控制与仪器仪表基础技术

(1)新工艺,如微米/纳米制造工艺等;

(2)提高稳定性和可靠性的共性技术;

(3)系统集成应用软件技术;

(4)测量控制网络化应用技术;

(5)大型、精密和超精密制造中的测量控制技术,包括特大型及关键零件制造中的测量控制技术,亚微米到纳米级的细微制造中的测量控制技术,数字化、智能化制造中的测量控制技术等;

(6)工业控制通信协议标准技术、共性基础标准技术等。

八、我国仪器科学与技术学科发展组织方式和政策措施建议

(1)长期规划,将发展仪器科学与技术学科作为一个系统工程,从影响学科领域科技和产业发展的各主要方面,包括政府、企业、社会环境、科研和教育机构等方面制定协调一致的战略措施并认真贯彻执行。当前最重要的是制定、落实"企业要成为科技创新主体"国策的具体政策和措施,如鼓励应用首台国产仪器及系统的准入政策和措施,以加快企业成为科技创新主体的步伐,增加仪器科学与技术学科发展的原动力。

(2)建立行业专家咨询体系,包括中国仪器仪表学会专家委员会、行业专家库等,由政府官员、行业专家等组成国家级别的"评议会",探讨诸如研究资源的分配、基于技术评价的课题选定、交叉学科之间的联合研究、开发基地的设立等战略性的问题。

(3)对带有基础性、前瞻性的产品开发以及社会公共工程,予以一定的财政支持。对于意义重大的科技项目,如对符合本报告提出的新型传感器及信息获取技术;与国家重点工程相配套的过程控制系统和测控装备及其系统集成技术;精确制造中的测量控制技术及仪器仪表;微分析仪器及其关键技术;数字化医疗仪器及其关键技术;基于量子物理的计量基标准系统等研究方向的项目,政府要立项,提供较大强度的专项资金支持,并通过政府的投入带动多渠道融资。政府的投入也可选择较有基础的军工单位,项目开发过程中通过军转民技术的开发,形成产业化能力。重大科技项目的主要实施单位应选择较具规模的、有较强开发能力和良好运行机制的现有仪器仪表研究所或企业,以便通过项目的实施形成一批行业龙头企业,带动整个测量控制与仪器仪表业的长期发展。同时通过项目的实施,协调制造企业与应用部门的关系。建议通过与国家重点工程相配套的过程控制系统和测控装备及其系统集成技术项目的实施,建立具有大型工程仪器仪表系统集成能力的国家级仪器仪表系统集成公司,并建立相应的机制、渠道,通过组织试点工程、样板工程,促进国产主干产品进入国家重大技术装备。

(4)对于未列入科技发展重点项目的大量科技问题,主要靠市场优化资源配置,政府适当给予政策支持,由企业投入研发经费。如量大面广的色谱、光谱、质谱、电化学等各类通用科学仪器,可大量出口的电度表、数字万用表等各类电测仪器仪表,可通过政策支持、引导有一定基础的企业,特别是新兴的民营企业加强中档产品的研发力度,逐步向高档产品发展。

对于目前已有一定基础的仪器仪表元器件、专用电路、功能材料生产基地和地区在行业上予以优选，以促进加速发展，加强仪器仪表生产的基础。

(5)改善科研体制、积极探索更加有效的科研模式和管理模式，建设国家仪器科学与技术学科的创新体系。建立国家仪器仪表科学研究院；并以国家投资为主，创立交叉学科的联合国家实验室、工程中心或高技术孵化中心。主要承担起基础研究开发工作，力争产生原创性成果。将国家的资金和资源充分向社会开放，充分发挥信息交流和基础技术支援的中心作用。

(6)创造灵活的有利于中小企业的支持政策，探讨对于有技术力量的中小企业与具有产业化的大企业合作的支持方法、探讨中小企业可以使用大学或者研究院所实验室(国家资源)的方法等。

(7)建立资金引导机制，充分利用现在政府提供的风险产业基金和民间基金，引导企业(特别是科技企业)、民营资本进入仪器仪表产业。制订政策积极引导企业增加研发投入，加强技术创新的能力。把应用先进制造技术，重点解决生产中的工艺问题，作为企业技术工作的重点，保持与提高在市场中的竞争能力。在提高技术水平的同时，也要关注自身市场运作能力和工程能力的提高。在国内形成若干个综合实力强的大型企业集团。

仪器仪表不仅是装备制造业中进口较多和外贸逆差最大的行业，同时也是外资积极和活跃的工业部门。目前外资从合资转独资的态度强烈，有利于国际著名仪器仪表企业将生产基地和研发机构转移至中国。建议有关部门制订政策采取措施，引导将难以增资的国资转让给外资，或制定有利于技术引入的政策措施，在引入外资的同时引入技术。

参考文献

[1] 中华人民共和国国家统计局. 中华人民共和国2005年国民经济和社会发展统计公报. 2006-2-28.

[2] 中国仪器仪表学会. 中国测量控制与仪器仪表中长期科技发展规划建议. 2004-7.

[3] “863”计划先进制造技术领域办公室. 国家“863”计划先进制造技术领域“流程工业数字化仪器仪表”重点项目2006年度申请指南. 2006-10-1.

[4] 中国工程院仪器仪表规划课题组. 国家中长期科学技术发展规划第3专题《制造业发展科技问题研究》中“与信息化智能化相适应的仪器仪表”部分. 2003-12.

[5] 中国仪器仪表行业协会. 2005年仪器仪表行业态势分析. 2006-3.

[6] 中国仪器仪表行业协会. 2006年1—7月仪器仪表行业态势分析. 2006-8.

[7] 国家发展计划委员会产业发展司. 中国装备制造业发展研究报告. 2002-4.

[8] 国家发展和改革委员会工业司. 仪器仪表国债专项规划. 2004-2.

[9] 全国仪器仪表行业调研组. 关于振兴我国仪器仪表产业对策与建议调研组——对全国仪器仪表行业开展调查研究的总结报告. 2001-3.

[10] 国家科学技术部条件财务司. “十五”后两年国家科技攻关项目科学仪器研制与开发可行性报告. 2004-5.

撰稿人：金国藩　张汉权

专题报告

自动化仪表与控制系统

一、引言

自动化仪表与控制系统是实现大规模工业生产安全、平稳、优质、高效的基本条件和重要保证。当前能源、重化工等国民经济支柱产业发展迅速，石油、化工、冶金、电力等产业的重大装备向大型化、高参数化、工况复杂化的方向发展，其依赖于工业自动化仪表与系统的程度越大，对工业自动化仪表与系统的要求也越来越高。自动化仪表和控制系统作为整个装备的神经中枢、运行中心和安全屏障，已经成为重大装备的重要组成部分，对我国装备工业的振兴和发展具有重要意义。

通过“九五”、“十五”期间国家的支持和发展，我国仪器仪表工业从无到有，从小到大，已形成门类比较齐全、布局较为合理、有一定技术基础和生产规模的工业体系。产生了浙大中控、和利时等一批国内知名企业和著名品牌，树立了国产自动化仪表与系统的良好形象，国产控制系统的产业规模和竞争力得到极大的提升，市场占有率迅速扩大，在某些行业已具备与跨国公司竞争的能力，并促使进口设备的价格大幅度降低。我国自行研制开发的智能化执行机构、变送器、流量计已经投入市场，同时拥有自主知识产权的 DCS 从20 世纪末的 10%左右市场占有率上升到 1/3 以上。同时也应清醒地看到，国产仪器仪表产品在可靠性和工程应用能力等方面与国外产品尚有一定差距，产品精密度、数字化、智能化、集成化、自动化程度较低，一般常规品种居多，高档智能型产品较少，前沿技术和标准化技术的研究还很不足。

本报告以国民经济中占有重要地位的流程工业仪器仪表和自动化系统为重点，并结合近年来国家重点支持的领域，调研了我国自动化系统和仪器仪表产业的发展现状和取得的最新成就，以期发现问题、增强信心，推动我国仪器仪表产业更快更好地发展。

二、国内外现状和发展趋势

我国仪器仪表行业技术水平总体与国际水平相差 10～15 年，少数产品接近或达到国际水平，但在发展中国家，我国是仪器仪表行业最大最齐全、综合实力最强的一个国家。近年来，我国国民经济持续高速增长，科技的普及发展和人民生活水平的不断提高，仪器仪表产品需求旺盛，行业发展迅速。世界上仪器仪表的增长率是 3%～4%，我国已连续 4 年实现 20%以上的年增长率，有的产品如电度表、低压电器等已经占了全世界的 1/10 市场。但在技术含量高、难度大的产品方面和国外相比还有较大差距，主要体现在流程工业用仪器仪表和自动化系统方面。

(一)行业市场发展情况

由于我国正处在能源和重化工业的高速增长阶段，工业自动化仪表和控制系统需求旺盛，与国际市场低速平淡的运行格局形成鲜明对比。“十五”期间，仪器仪表产品进出口持续增长，2005 年进出口总额为 192.6 亿美元，是装备制造业中进出口额最大的行业之一。2005 年出口额为 52.5 亿美元，出口已连续四年增幅超过 30%。

我国在测温仪表、测压仪表、显示仪表、传统流量仪表、简易调节仪表等一些常用仪表方面已能够掌握核心技术，可以自行提高和开发新产品，产品可满足国内需要，并有出口，但此类产品中多数技术含量不高。近年来，我国自行研发的分散型控制系统(DCS)、电磁流量计、无纸记录仪、智能化电动执行机构等高中档产品，有的基本性能和水平与国外产品接近，市场占有率不断上升，而且在部分核心技术和标准制定方面基本达到与国外先进水平同步，特别是具有自主知识产权的 EPA 实时以太网标准的制定及其进入国际标准行列，使我国自动化行业在某些领域初步具备与国际跨国集团平等对话的权利。但在高端产品方面，如压力/差压变送器等，虽然从国外引进了技术，但没有得到很好的消化吸收和再创新，多年来没有新产品新技术推出；而 DCS 等控制系统产品，限于工程经验、项目业绩的影响，还未能大规模进入大型工程主装置。因此逐渐形成中低档产品以本国企业为主，高中档产品以外资企业为主，大中型工程项目依靠国外，中小型工程项目选用国内的市场格局。

工业自动化仪表的发展，不但取决于产品技术水平，而且涉及工程应用技术。近年来，不少测控设备生产企业以及火电、石化、冶金等应用部门的科技型企业和工程公司在应用软件和优化软件开发及系统集成技术等方面有了相当进展。通过承担国外系统的工程应用，掌握了一批大型工程和装置的自控应用技术。但随着现场总线，SOLUTION、MIV、EPC 等技术和工程总成方式的发展，我国自控系统及现场仪表进入大型工程的困难进一步增加，我国重大工程核心技术之一的自控技术及其主干装备被国外控制甚至垄断的风险正在上升。

(二)行业技术现状及发展趋势

自动化仪表与控制系统的技术发展呈现出在数字化、智能化和网络化技术的支持下实现高可靠性、多功能和高适用性的趋势。

在现场仪表方面，新型硅传感器、金属电容传感器、复合传感器、光纤传感器、科氏力传感器、MEMS 传感器等新型传感器的研发使其精度提高 1～2 个档次，如压力/差压变送器已从 0.2 级提高到 0.075 级和 0.04 级；液、气体的流量测量精度已从 0.5 级、1 级提高到 0.1 级、0.2 级。数字技术与传感器技术的结合使新一代高性能现场仪表成熟完善，智能化和网络化技术使现场仪表具有运算功能、控制功能、补偿功能、通信功能等模拟仪表难以实现的丰富功能。

针对现代工业大型化、高参数化、工况复杂化的发展趋势，国外自动化仪表和系统将“高可靠性”作为其重要发展方向。通过原理和结构设计的创新，如固态传感器、无运动部件结构等，以及成熟的核心技术精密加工和特殊加工工艺，使现场仪表复杂、易损、难以维修的状况正在改变。国外领先企业开始提供保修期长达10年、使用期不需调整维修的产品,并提出"终身保修"、"本质无损"等概念。同时,智能化技术和现场总线技术的推广不但使单个产品的故障能及时发现,而且使整个工程成千上万台工业自动化控制设备处于实时监控之中,并有条件实现预防性维护,明显提高了整个系统的运行可靠性。近年国外提出"功能安全技术"概念,并开始制定相应标准,符合功能安全技术的产品开发和系统整体安全等级的论证技术也是"高可靠性"技术发展的重要内容。

当前国际流程工业仪器仪表的技术发展如通过智能化和现场总线网络技术,使产品故障可以得到迅速判断,实施前瞻性维护。同时新原理、新技术、新材料的应用使现场仪表显著提高了对复杂工况条件和环境的适应性,耐高温、高压、高压差、强冲刷、强辐射、多相流、非接触检测、无损检测等产品的出现解决了绝大部分用户的现场检测"难题"。高量程比、模块化结构、红外技术、无线通讯、自校正、自适应、自诊断等技术的发展应用使得现场仪表操作应用便捷,劳动强度降低、备品备件减少。

自控系统在IT技术的推动下,向功能模块化、规模大型化、网络开放化的方向发展,系统软件呈现出接口标准化、应用便捷化、行业专业化的发展趋势。目前大型工程的联合装置往往使用一套控制系统,其规模达到数万点,开放的网络和软件标准化接口实现全厂异构系统的互联,使测量控制系统与企业经营管理系统紧密结合,形成从工艺流程的底层到工业企业上层的管控一体化,极大地提高仪控装备对大型复杂工程的综合适用性,并与SOLUTION、MIV等自控工程项目的经营、管理和技术发展趋势相适应。

(三)产品和行业应用现状和发展情况

1.综合自动化系统

20世纪90年代,美国、日本、西欧等国外大型流程企业就十分重视构架工厂级、公司级甚至超公司级的信息集成系统,推动了流程工业综合自动化技术在实际生产中的应用,目前国外实施综合自动化技术的大型流程工业企业已占很大比例。

另一方面,国外已有许多传统的自动化仪器仪表厂家逐步向综合自动化整体解决方案供应商转化,并提出了两个重要的概念:一是提出解决方案;二是发展工业信息技术(工业IT)。如Rockwell公司的e－Manufacturing™解决方案;ABB公司的基于MES(生产过程制造执行系统)的综合自动化解决方案;AspenTech公司提出了智能化工厂的概念(Plantelligence™),推出了系列套件化软件。Honeywell推出的Unified Manufacturing™ Solutions for Business Optimization套件。

我国通过"九五"、"十五"的科技攻关,以DCS系统为核心的综合自动化系统也开始起步,解决了诸如双备份热冗余、现场总线、先进控制和优化软件等关键技术,国产控制系统也形成了很好的产业化基础,如浙大中控的WebField系列集散控制系统至今已成功地应用5 200多套,其控制系统项目数已超过国外横河和Honeywell公司;北京和利时公司的HOLLiAS系列大型控制系统也已进入600 MW电站,在核电和轨道交通领域也取得了重大突破。这些产品已成功进入以往由国外大公司所垄断的大型空分设备、大型石化先进控制、大型电站自动控制等领域,填补了国内空白,成功打入越南、缅甸等东南亚国家,开始进入国际市场,产生了巨大的经济效益和社会效益,使我国工业自动化产业走出了低谷。

但总体而言，我国自动化仪表和控制系统的研究与产业化与国外先进技术相比还存在很大的差距，主要体现在技术深度、应用基础研究以及相关领域技术借用不够，系统化程度、集成能力和产品化程度不高，产业化能力不强等诸多方面。

2. 压力/差压变送器

压力/差压变送器是现场检测仪表中用量最大、技术上最有代表性的品种之一。在火电、石化、冶金等国家重大工程项目中，一般采用压力/差压变送器的测点数约占输入输出测点总数的30%～40%。此类产品目前大体可分成两个档次。一类是测量精度0.2%的模拟量变送器和以其为基础的改良型智能变送器，采用第一代的金属电容，扩散硅或蓝宝石传感器。第二类是测量精度0.075%以上的高精度智能变送器，采用新一代的金属电容、硅压阻、硅电容或单晶硅谐振传感器，与上一代传感器相比，其特点是精度更高，稳定性更好，体积更小，并兼有模拟和数字信号及自诊断等人工智能和通讯功能。

我国从20世纪80年代初引进美国、日本等公司上述第一代产品技术，国产化成绩显著，产品性能基本达到引进技术的水平，市场一度由引进技术国产化产品为主占领。但90年代，上述第二代产品——高精度智能变送器问世。我国相关技术未能跟上，差距拉大。2004年、2005年，我国变送器的销量分别约38万台、45万台，其中第一代产品约18万台、20万台，绝大部分国产；第二代产品约20万台、25万台，全部是三资企业和进口产品，其中仅由日本横河与重庆川仪的合资公司生产的EJA系列产品年产量超过10万台，但其核心部件——传感器完全依赖日方提供。还有一部分产品由国内企业进口大部件进行组装，不掌握核心技术。此外为直接进口，销量较大的国外厂商有美国EMERSON(ROSEMOUNT)、HONEYWELL，欧洲ABB(H&B)，日本横河、富士，巴西SMAR等公司。

3. 执行器

执行器是石油、化工、冶金、电力等行业大量应用的产品，包括调节阀、电动执行机构、阀门定位器三类产品。执行器的位置处于整个控制系统的末端，贴近现场，周围环境复杂，工况条件恶劣，是重大装备的控制设备中相对故障率较高的环节。

我国执行器产品通过20世纪与日本山武、工装，美国墨索尼兰、Fisher，英国ROTOK等公司的技术合作和自行研发攻关，有了相当的发展，产品水平与国外90年代初相当。出现了吴忠仪表厂等产量超过万台，设备工艺条件与国外接近，有一定经济实力的企业，其他如上海、天津、重庆、鞍山、浙江等地的不少企业年销售额也达到亿元规模。我国产品一般常规品种居多，智能型产品刚起步，开始形成能力。90年代中后期市场需求激增，智能型产品进入我国市场，外资进入积极。

4. 工业过程分析仪器成套系统

流程分析仪器及系统是工业生产过程重要的测量控制设备，主要用于冶金、石化、电力、建材、环保等连续和离散工业生产过程中，对各种流体成分进行定量分析，包括多种不同原理、用途的成分分析仪器及系统，直接影响到生产产品的质量和生产系统的安全。

目前，我国流程分析仪器进口比例高达70%。一些特种专用仪器则完全依赖于进口，如在石油化工领域应用广泛的工业色谱、工业质谱一直被国外公司垄断。在国内过程分析仪器市场主要的国外公司是西门子、哈特布朗、ABB、罗斯蒙特公司、Hach、Honeywell、Polymetron、Swan公司，其他还有如崛场、西克麦哈克等。

目前国产分析仪器及其成套系统在中小用户中已有一定的市场基础，并已进入水泥建材等个别行业的大中型工程中，部分产品已出口到巴基斯坦、印度、伊朗、印度尼西亚、沙特、阿曼、越南等国家，初步具有国际竞争力。最近国内主要企业成功收购加拿大同行公司，为国产分析仪器进入欧美市场建立了前沿阵地。

三、产业重大突破

我国工业自动化技术、产业和应用通过“九五”、“十五”期间的国家产业和科技相关政策和资金的支持，取得了很大的进步。仪器仪表和控制系统等产品已经形成了很强的研发和生产能力，涌现出如浙大中控、北京和利时、上自仪等一批国内知名的自动化仪表与控制系统的生产厂商，自动控制系统在石油化工、冶金、电力以及离散制造业等方面的应用取得了突破，先进控制和优化软件的研究和产业化取得较大进展，在工业自动化国际标准领域也形成了具有自主知识产权的技术和产品。

(一)自动化控制系统

自动控制系统是重大技术装备的核心装置和技术之一。20世纪90年代以来，国内一批公司进入控制系统领域，如浙江威盛自动化公司于1992年推出FB－2000 DCS系统；以电子部六所技术人员组建的华胜自动化事业部(1996年更名为和利时自动化工程公司)于1992年推出HS－1000系统；浙大中控公司于1993年推出SUPCON JX－100系统，等等。到目前为止，国产DCS系统大体上经历了近20年的发展历程，已从产品的幼稚期、发展期到达成熟期。

近年来，通过“九五”、“十五”科技攻关、“863”高技术计划以及高技术产业化专项的大力支持，国产控制系统在可靠性技术、现场总线技术、标准化技术、先进控制和优化技术以及重大工程应用等方面取得了重大突破，突出表现在以下几个方面。

(1) 解决了现场总线在仪器仪表和控制系统中应用的一些关键技术，在基于HART、FF现场总线的变送器、执行机构、控制系统等方面取得了重大成果，达到国际先进水平，并已开始实现产品化，打破了由国外大公司垄断的局面。

(2) 研究解决了工业实时以太网系列关键技术，原创性地提出了EPA(Ethernet for Plant Automation)工业控制网络通信技术，制定了我国第一个拥有自主知识产权的现场总线国家标准和国际标准。

(3) 先进控制与优化软件产业化取得重大突破，已基本可以平等地与国际著名的Aspen、Honeywell竞争。

(4) 冗余技术、抗干扰技术、故障诊断和维护技术等的研究，解决了大型控制系统在工程应用中的可靠性问题，在石油化工、大型电力、核电、冶金等领域得到广泛应用。

这些成果充分说明我国已经具有进行流程工业综合自动化高技术产品的设计和开发

能力、基础条件和总体实力。

1. 工业控制网络标准化技术

随着信息技术的发展，以现场总线为代表的工业控制网络也成为世界自动化领域研究和发展的重点。以西门子、ABB、Honeywell、Rockwell、施耐德等为代表的国外著名跨国公司，从20世纪80年代中期就开始研究和开发现场总线技术，形成了自己的核心技术，并制定了相应的现场总线协议，如PROFIBUS、FF、HART、ControlNet等，并因此在现场总线国际标准制定工作中占据了主动。经过16年的讨论和争论，国际电工委员会IEC最终放弃了其制定单一现场总线的国际标准的初衷，于2000年底发布了包含8种(后增加到10种)类型现场总线的国际标准IEC 61158，同时也宣告了多种现场总线并存的局面已经形成。

相比之下，中国在现场总线技术方面的研究和开发起步比较晚，国内从“九五”开始研究和开发现场总线，完成了基于HART、FF、PROFIBUS等现场总线标准的控制系统的开发。但在2000年底以前，中国仍未开发出拥有自主知识产权的现场总线国际标准，在现场总线技术的研究、产品的开发和应用中处于被动地位。

2000年开始，在浙江大学和浙大中控公司的牵头下，联合中科院沈阳自动化所、清华大学、重庆邮电学院、大连理工大学等国内自动化领域的优势力量，对以太网、无线局域网、蓝牙等信息技术应用于工业现场控制设备间数据通信的关键技术进行重点攻关，在以太网应用于工业现场设备间通信的实时性、总线供电、互可操作、网络安全、远距离传输以及可靠性与抗干扰能力等关键技术攻关获得重大突破，提出了基于实时以太网的新一代现场总线技术——EPA。通过不懈努力，EPA PAS提案于2005年被发布为IEC/PAS 62409标准化文件，并作为第十四共用行规簇(Common Profile Family 14，CPF 14)列入实时以太网应用行规国际标准IEC 61784－2。2006年，EPA标准被批准成为国家标准正式出版，这是迄今为止中国第一个具有自主知识产权的被国际标准化组织接收和发布的工业自动化标准。

目前，EPA标准已在国内仪器仪表、控制系统的龙头企业得以应用，如上海自动化仪表股份有限公司、中国四联仪器仪表集团有限公司、吴忠仪表股份有限公司、天津仪表集团有限公司、上海威尔泰工业自动化股份有限公司、沈阳中科博微自动化有限公司、大连理工计算机控制工程有限公司、重庆集智电气自动化有限公司、重庆西高自动化有限公司、烟台东土电信技术有限公司、杭州士兰微电子有限公司等。并开发出了基于EPA的系列产品，如基于EPA的系列温度变送器、流量变送器、压力变送器、物位变送器、电动执行机构、气动执行机构、现场控制器、数据采集器、远程分散控制站、无纸记录仪、总线供电式工业以太网交换机、EPA通信控制芯片等产品，并在多个工程中实现了示范应用。

与此同时，EPA标准化起草小组还结合工程应用的需要，深化制定基于EPA的系列应用标准。起草了EPA一致性测试规范、EPA功能块应用进程标准与可互操作测试规范、EPA实时性能测试规范、EPA线缆与安装导则、EPA网络通信保密安全规范、EPA功能安全规范以及EPA现场设备应用行规等系列标准，将EPA系列标准继续推向国际标准。

2. 先进控制和优化软件

在软件方面，通过引进消化吸收和自主研发相结合，研制出了面向大型石油化工装置的先进控制软件、企业生产管理软件等具有自主知识产权的自动化软件，并已在石化、化工等多个行业的装置上得到了广泛应用。先进控制与优化软件是集生产过程建模、控制与优化等为一体的工业自动化软件产品，在以计算机集散控制系统（DCS）、PLC、多种现场总线的网络控制系统（FCS）等主流型计算机控制系统的基础上，通过有效的过程建模、先进控制和过程优化等技术与算法来解决复杂工业对象的控制与优化等实际应用问题，以取得显著的经济效益和社会效益。

APC系列先进控制与优化软件针对不同工业系统中的复杂装置和过程，如催化裂化装置、常减压装置、气分装置、油品调和过程、锅炉燃烧过程、制浆过程、造纸过程、高炉、焦化过程、轧制过程、发酵过程等等，建立各种工业过程的动态数学模型，根据具体工业对象的要求，应用各种先进控制与优化技术，达到稳定操作、提高质量、增加产量、降低成本、节省能耗等目标。该系列软件是浙大中控研制成功的具有自主知识产权的自动化系列软件产品，目前国内能够提供产品和服务的只有浙大中控和美国霍尼维尔、艾斯本三家公司，浙大中控通过优质服务和产品，已逐步扩大市场份额，渐成三足鼎立之势。

3. 流程工业自动控制系统

近年来，国产DCS发展迅速，国产控制系统的市场占有率已超过30%，承接项目数已超过国内项目总数的一半。特别在石油化工、大型火电、核电以及冶金等领域取得突破性进展。

（1）石油化工行业自动控制系统

石油化工行业对控制系统的稳定性、可靠性要求很高。浙大中控公司研发的WebField系列DCS系统，其基于网络化的体系结构，使系统具有很好的开放性，能简便地实现异构系统之间的互联，并实现10 000点以上的系统规模；同时还开发了IO卡件、主控卡、通信网络和数据库软件等各个层面的冗余技术，并按EMC标准进行系统设计，制定了防雷击行业标准，使系统具有很强的抗电磁干扰能力，可靠性得到很大提高。目前，中控的DCS系统已经进入燕山石化、扬子石化、镇海炼化、仪征化纤、四川维尼纶厂、广石化、大庆油田等国家重点石油石化企业，在常减压、催化裂化、焦化、聚丙烯、三聚氰胺、环己酮、合成氨、PVC聚合等石油化工主装置上取得了很多业绩，国内首套新建大型透明抗冲聚苯乙烯项目全套装置的控制系统也采用了浙大中控的DCS。同时，浙大中控还是国内唯一与中石化在MES建设方面结成战略伙伴的DCS厂家，先后承担了仪征化纤股份有限公司的PTA装置、扬子石油化工股份有限公司的连续重整生产装置、镇海炼油化工股份有限公司重油催化裂化装置、福建炼化油品调和装置等，取得显著的经济效益。目前浙大中控已在各种流程工业累计推广使用了5 200余套，并出口海外，在中小规模项目的竞争中已经取得绝对优势，彻底打破了国外产品的垄断。

（2）电力行业自动控制系统

在电力行业，我国已经建成的40多套6×10^5 kW及以上火电机组全部采用国外自动化控制系统。目前我国的自主品牌的工业自动控制系统已经在核电、大型火电装置上取得重大突破，输配电领域也取得了很大的市场份额，改变了过去由国外系统一统市场的局面。

在核电行业领域，北京和利时公司最新研制的 HOLLiAS－MACS 系统从工艺水平到体系结构，以及硬件性能、软件功能和性能等方面，均达到进口同类产品的先进水平，并且通过 1E 级的核安全认证。在核电等行业的其核电控制应用范围已涉及核岛和常规岛的数据采集、安全监视、过程控制和其他辅助功能。承担了包括秦山核电站 6×10^5 kW 核电站综合计算机监控系统和常规岛控制系统、秦山一期 3×10^5 kW 核电站计算机系统改造、大亚湾核电站等 25 个核电站计算机系统合同。2005 年和利时获得了岭澳二期全数字化仪控系统的分包合同、大亚湾核电在内的核电项目，进一步验证了国产大型综合自动化系统的实力。

在火电行业领域，上海自动化仪表股份有限公司在消化吸收 90 年代从美国 L&N 公司引进 DCS 技术的基础上，自主开发了 SUPMAX 系列自动控制系统，通过市场推广和工程应用，逐步形成进入大型火电自控项目的资质和集成能力。开始首先在 130 MW 机组投运成功，并迅速进入 200 MW、300 MW 火电项目，目前已进入 600 MW 火电项目，DCS 的年产值已过亿元。中国国电集团公司下属的北京国电智深控制技术有限公司在引进、消化、吸收国外先进技术的基础上，自主研发了完全自主知识产权的 EDPF 系列分散控制系统，并已在国内 400 多台火电机组上得到应用。2005 年，国电智深在大连庄河发电厂一期 2×600 000 kW 超临界机组主、辅系统一体化控制项目工程招投标中，以其自主知识产权产品 EDPF-NT 自动化控制系统在性能价格比上的综合优势，战胜了多家著名自动控制系统厂商，打破了国外厂商垄断该领域的局面。

在输配电领域，近几年国产自动化系统迅速崛起，并完全占据了中低端产品市场，同时在高端领域具备了与跨国公司竞争的实力。目前已形成以南京南瑞、陕西银河、东方电子为代表的一批具有市场竞争力的企业。南京南瑞集团研制的具有自主知识产权的电力自动化智能式分布式硬件平台以及在此平台上开发的水电厂计算机监控系统（SJ－600）已成功推广应用到多个水电厂，还成功实施了三峡水利枢纽梯级水库调度自动化系统、三峡电力系统安全稳定控制工程、川电东送工程、东北—华北联网、川渝—华中联网、华东—福建联网工程稳定控制系统，以及一大批超高压、高压电力系统保护工程。目前南瑞集团在水电厂监测和控制系统领域的市场占有率达 60%；省级以上电网调度自动化系统取得了近 60%的项目；配电自动化领域的市场占有率达到 50%。由于技术水平的提高，适当的价位和贴近的服务，原来被国外公司占据的电力自动化市场已夺回大半，单个系统的价格从 1 000 万美元以上，被固定地钳制在 300 万美元左右，为国家节省了大量的投资。陕西银河电力的配电网自动化成套设备包括：开闭所/小区变终端单元（RTU）、配电变压器终端单元（TTU）、馈线终端单元（FTU）、配电自动化后台 SCADA 系统等，产品拥有柱上开关失电跳闸馈线终端单元和解决柱上开关电流互感器开路的装置两项专利，设置了技术门槛，在市场竞争中占据了领先优势。同时由于产品质量过硬，价格比进口产品低近一半，因此在城区、县区的电网监控中得到广泛应用，并将核心技术推广到油田、铁路、居民住宅小区等领域，中低端市场的优势十分明显。

（3）冶金自动控制系统

通过近几年的产业发展，我国冶金自动化系统和装备在关键技术上取得了重大突破，在大型交流变频调速技术、连铸连轧自动化系统、转炉自动化成套技术等领域形成了系列产品和工程服务能力，使我国的冶金自动化系统进入国际先进行列。其中尤以冶金自动化研究院、金自天正、鞍钢为杰出代表。

冶金自动化研究院及金自天正公司形成了自动化系统、大功率交流调速、特殊仪表和机电一体化的组合产品产业化能力，首次大规模采用国产大功率晶闸管研制成功大功率交交变频装置 10 800 kV·A×8，首次研制成功 8 台热连轧主传动交交变频调速电动机，首次研制成功大功率交交变频干式整流变压器 24 台，使我国能够独立开发并完整地掌握大型热连轧机主传动交流调速装备的设计和制造技术。通过与国外大型热连轧机主传动交流调速系统技术性能的比较，该系统及装备的各项技术已达到当前国际先进水平。通过攀枝花钢铁公司 1 450 热连轧厂自动化系统、川威 950 热连轧三电自动化系统、北台 850 热连轧交直流传动系统、宁波建龙 1 780 热连轧三电自动化系统等大型冶金项目的实施，反映出我国企业的技术集成能力和工程实施能力已经达到世界先进水平。

鞍钢大连华冶联公司通过消化吸收引进技术和自主创新，研制成功适合大、中、小各级高炉和转炉的自动化成套系统和技术，并可提供薄板坯连铸、大方坯连铸、小方坯连铸等连铸自动化成套系统和技术，以及棒、线材轧机的自动化成套控制系统和技术。华冶联公司通过承担鞍钢公司 2 150 mm 和济钢 1 700 mm 宽带热连轧机自动化控制系统的设计、制造、安装和现场调试任务，技术水平和大型工程实施能力得到极大提高。

4. 离散工业自动控制系统

机器人、焊接自动化、仓储自动化等离散工业自动化系统发展也十分迅速，形成了沈阳新松机器人自动化股份公司、哈尔滨威德焊接自动化系统工程有限公司等几家在行业内有影响的高技术企业，并带动了相关产业和地方经济的发展。

沈阳新松机器人自动化股份公司通过实施工业机器人及机器人自动化生产线产业化项目，解决了机器人操作机优化设计技术、高性能机器人控制系统开发技术、机器人作业技术、大型机器人自动化生产线设计技术以及机器人成套装备设计开发技术等关键技术，形成了工业机器人系列产品及应用工程、特种机器人系列产品及应用工程、AGV 自动导引车系列产品及应用工程、物流与仓储自动化成套装备、机器人冲压、锻压自动化线成套装备及应用工程、装配与检测自动化生产线及成套装备、点焊机控制器等符合我国国情的系列产品和技术，打破了国外的技术封锁和垄断，建立、健全了机器人及自动化生产线的生产制造、性能测试、例行试验和质量保证的措施，促进了我国自己的机器人产业的形成和发展。

哈尔滨威德焊接自动化系统工程有限公司通过将现代焊接技术机械设计与制造技术、先进的自动控制技术，与模拟仿真技术有机的结合，突出系统集成的方式来快速形成不同产品需求的焊接自动化装备，并达到国际先进水平。公司近年来为国家大型重点工程提供了近百套关键焊接装备和生产线，多数产品达到国外同类产品的先进水平，在国家重大项目和重点工程中发挥了重要的作用，提升了我国装备制造焊接工艺的整体水平，为振兴装备制造业和东北老工业基地奠定了坚实的基础。

(二) 工业自动化仪器仪表和装置

目前我国自动化产业在中间的控制系统方面已经具备相当的基础，但处于两端的变送器和执行器，水平仍相当落后。借助于国家“九五”、“十五”科技攻关的成果，国内形成了一批重点企业和一些智能仪表产品，提高了批量生产能力，与国外的差距正在逐步缩小，形势令人振奋。

1. 压力差压变送器

差压变送器是自动化控制领域中不可缺少的关键仪表，因其广泛的应用而有着巨大的市场。压力差压变送器国产化程度的提高在为国内企业实现国产化配套的同时也填补国内产品空白。

沈阳仪表科学研究院开发的硅电容压力传感器具有高精度、高稳定性能的特点，达到了国外高精度压力传感器的技术指标，在国内高精度压力传感器的开发制造上实现了零的突破。该产品已获得国家专利，并且通过与中控等公司的合作开发出 CXT 高精度压力/差压变送器，实现了产业化。CXT 变送器通过合理的结构和高速器件的选择，整机响应速度得到了很大的优化，可优于 150 ms。响应速度的提高，使得该变送器能适用于紧急停车等安全要求极严格的场合，在整机性能上已经部分达到，甚至超过了国外相应产品的指标，完全可以替代国外产品。

上海威尔泰工业自动化股份有限公司引进美国 ROSEMONT 公司 1151 型电容式压力/差压变送器技术，实现了国产化。21 世纪初进行了产品小型化、智能化等研制开发，产品精度由 0.2 级提高到 0.1 级。目前正在通过引进技术、集成创新的模式，采取以我为主、掌握总体的办法，将核心技术分解成传感器芯片设计制造、芯片黏接封装、传感器型腔设计、特殊焊接、DSP 与数字补偿、智能化、网络化等单项，自主开发达到当前国际水平(精度指标 0.075～0.04)的产品。

北京华控公司研制的 FF 仪表通过了现场总线基金会的一致性和互操作测试，是我国首家通过现场总线基金会认证的产品，说明国产现场总线仪表技术已经成熟。此外还新增了 HSE 开发测试系统、DD 服务包、HSE 分析工具包等多种现场总线设备开发测试软件及系统，使其在 FF 现场总线产品开发的技术条件领先于国内同行，为深化开发现场总线技术和系统创造了条件。经过几年的技术推广，现场总线智能通信卡等产品通过 OEM 的方式已经在西仪、上仪、川仪等企业得到了应用，带动了一批仪表生产企业提升了产品性能，在国内外产生了较大的影响，抑制了进口现场总线通信卡和现场总线仪表的价格。

2. 流量仪表

开封仪表公司通过发展电磁流量计的智能化产品的设计、制造、检测技术水平，把产品的相关技术移植到其他产品上，如 CAD 设计、智能化通讯技术等，使有关产品的水平普遍提高，跟上国外流量仪表的技术发展。智能化流量仪表产业化的完成，使电磁流量计等产品不仅具备国内领先技术水平，而且与国外产品具有同等技术水平，可与新一代 FCS 系统配套，实现双向数字通讯，满足我国能源、石化、冶金、建材、石油、环保等支柱产业的配套需要，高精度的测量性能和现场总线功能，拓宽了仪表的使用领域，必将促进流量测量技术的全面发展。

3. 调节阀

在自动化程度较高的石化、化工控制系统中，调节阀作为自动调节系统的终端执行装置，接受控制信号实现对化工流程的调节。它的动作灵敏度直接关系着调节系统的质量。据现场实际统计有70%左右的故障出自调节阀。吴忠仪表集团从智能型阀门定位器和智能型电动执行机构的产业化工作开始，围绕智能型调节阀及智能型附件等关键产品进行开发，完善模块化设计技术、比例积分微分运算放大器(PID)技术、智能型调节阀接口技术及模拟试验技术等，成功实现气动、电动智能型调节阀产业化生产和应用，技术水平在国内领先。

4. 过程分析仪器

(1) 新一代光谱分析仪

众多工业过程检测应用要求分析系统能适应恶劣的过程气体环境(高温、高压、高颗粒物浓度、强腐蚀)，同时要求具有即时响应、维护量小、精度高和可靠性高的特点(例如，催化裂化再生烟气检测点温度高达1 000 K，并存在大量黏性催化剂颗粒；冶金行业电除尘安全控制要求气体分析快速响应)，采样分析系统不能适用这些应用场合。因此，各行业迫切需要能有基于新测量技术原理的升级技术和产品。

聚光科技(杭州)有限公司采用国际新一代光电测量技术、过程分析技术，针对工业过程和污染源在线监测等领域的检测需求和所存在的问题，成功研制了LGA系列激光在线气体分析系统、OMA系列过程分光光谱仪、CEMS连续烟气排放监测系统等产品。其中，LGA系列激光过程气体分析系统是基于半导体激光吸收光谱(DLAS)技术的最新一代过程气体分析系统，该系统能够在各种环境(尤其是高温、高压、高粉尘、强腐蚀等恶劣环境下)进行气体浓度等参量的原位(In－Situ)测量，具有对定量光谱分析恶劣环境的强适应力，光学非接触检测高速响应、测量无扰动，无需采样预处理，模块化设计结构紧凑、安装维护方便，一体化设计无运动部件、可靠性高等特点，可满足特殊气体(如HF、HCl、NH_3)的原位在线测量需求等特点。产品已广泛应用于钢铁、石化、化工、焦化、水泥、电力、环保、垃圾焚烧等诸多领域。通过生产工艺优化、能源气回收、安全控制、环保监测和科研分析等创造了良好的社会经济效益。该项成果使我国成为国际上少数几个掌握核心关键技术并从事产业化开发的国家之一，并且产品所有关键技术指标达到国际领先，聚光科技已针对该项目的关键技术申请了11项发明专利等26项知识产权。该项产品自2003年投产以来，由于其显著性能优势和良好适用性，在与国外同类产品竞争中占据了国内市场95%市场份额，并已出口销往美、英、日等国。

北分瑞利集团曾在1985、1990年分两阶段引进美国ANALECT公司傅立叶变换红外光谱仪技术。先后与长春光机所、上海技术物理所等单位联合开发解决分束器、金属反射镜、探测器的核心技术，1993年完成第一代国产化产品。在继续深化工作后，解决了密封机构、数据处理和控制系统等技术难题，1998年全面完成了消化、吸收、国产化工作。在此基础上，2004年完成自主开发全新小型干涉仪光学系统、新小型卡式处理和控制部件、软件及USB接口等关键技术和关键部件，研制成功新一代傅立叶变换红外光谱仪，技术接近国际同类产品先进水平，并已批量生产。

(2) 油、水、气三成分比例测量仪器

采油作业时，油、水、气比例是重要参数，其作用是反映油层状态，指导地面人员采用最佳采油方法，获得最大经济效益。三成分比例测量是世界公认的技术难题，世界上能够提出解决方案的公司只有三四家，一直垄断着市场。我国兰州海默仪表公司的技术人员对测量原油中三成分比例的方法进行了深入研究，特别是对不同油田的原油中三成分比例的数学模型进行了试验和研究，并研制出原油三成分比例的测量装置。该产品取得了多项科技成果，有4项已获得国家专利证书，并通过了英国国家工程试验室的第三方测试和评定以及国家有关部门的工业现场对比测试和鉴定。目前该产品已经取得了国内所有有关特殊行业的许可证书，包括制造计量器具许可证书、防爆合格证书、防护等级合格证书、放射性同位素工作许可证书及欧洲电气技术标准委员会(CENELEC)认证证书等，并且已经在壳牌石油公司的中东油田得到广泛应用，还向哈萨克斯坦等国家推广，年出口金额达到200万美元以上。

四、产业发展国内外主要差距

(一)创新能力方面存在的问题和差距

我国仪器仪表行业自主创新能力与国外的差距很大，集中表现在：

(1)缺乏技术储备，原创性成果很少。我国企业往往通过引进外国技术来实现一代产品的更新，引进后又不能很好消化吸收，形成了引进—落后—再引进—再落后的怪圈。我国大学和科研机构涉及自动化领域的科研成果不少，但实用性差，对相关的生产制造技术，特别是核心工艺技术研究深度和力度不够，二次开发的工作量很大，成果的转化率低。产品以中低档为主，缺乏中高档产品的研发能力，更缺乏前瞻性和原创性的创新能力。

(2)企业尚未形成良好的创新理念，研发投入严重不足，达不到国外企业占销售收入5%～10%的水平；缺少精密加工、特殊工艺、测试检验、模拟仿真等先进研发手段，生产制造技术的研发未列入应有的地位，特别是核心技术的研发力度很低；研发体系的建设也落后于企业的技术要求，国内没有一个企业有接近国外同类中型企业研发中心的水平。

(3)外部环境制约国产创新成果的推广应用。很多大型企业对国产仪器仪表和控制系统近年来的快速发展情况不太了解，不敢用国产系统；不少企业的领导受现有体制的束缚，不愿冒险用国产系统；更有部分企业已经习惯用进口系统，成了“文化”，不想用国产系统。这“不敢”、“不愿”和“不想”造成国产系统和仪器仪表没有机会进入高端市场与进口产品竞争，长此以往必将使我国自动化产业来之不易的成果付诸东流，而且会对我国石化产业的战略安全产生不利的影响。

(二)产品化方面存在的差距

与国际先进水平相比，我国仪器仪表和自动控制系统在产品化方面还存在较大差距，主要体现在以下几个方面：

(1)产品的可靠性较差，现有国内高档产品的可靠性指标(平均无故障运行时间)与国外产品相比，大致要相差1～2个数量级。

(2)产品的性能、功能落后，现有国内产品在测量精度上要与外国产品相差1个数量级，智能化程度还较低。

(3)缺乏针对流程工业使用对象而开发的专用仪器仪表，国外近年测量控制与仪器仪表的发展趋势是开发仪器仪表与应用对象紧密结合的软硬件产品，最终向用户提供个性化的解决方案。国内缺乏针对流程工业使用对象而开发的与质量、能耗、物耗、环保有关的在线分析、检测仪器仪表，限制了流程工业综合自动化水平的提高。

(三)共性关键技术方面存在的差距

1. 传感器技术

传感器技术与计算机技术、通信技术并列为信息产业的三大支柱，美、欧、日等都把传感器技术列为重点开发的关键科技领域。我国传感器技术与国外的差距很大，如压力/差压传感器因用量大、技术复杂，是工业自动化测控中最为重要的传感器品种，高精度压力/差压传感器目前有硅压阻、硅电容、硅谐振三种原理，由此类传感器为核心部件的高精度压力/差压传感器年市场需求量已超过26万台，全被国外企业和外资企业垄断。

此外，固态硅传感器技术、光纤传感器技术、科里奥利(CORIOLIS)传感器技术、超声传感器技术、生物芯片技术、基因芯片技术、电化学传感器技术、气体传感器技术、图像传感器技术、全固态惯性传感器技术、多传感器技术等，与国外相比也有较大差距。国产变送器在稳定性、重复性和测量精度等方面不如进口产品；在制造工艺，如传感器芯片结构设计及制造、芯片连接和封装技术、传感器封装技术、MEMS技术等方面也存在较大差距。

2. 精密加工和特殊工艺技术

许多高档仪器和精密仪表的研制开发取决于精密加工水平，大量高中档产品的核心技术涉及专用特殊工艺诀窍，我国高中档检测设备与国外的差距很大程度上是精密加工和特殊工艺技术的差距。当前的重点是研究和发展多维精密加工工艺，精密成型工艺，球面、非球面光学元件精密加工工艺，晶体光学元件磨削工艺，特殊光学薄膜设计与制备工艺，精密光栅刻划复制工艺，特殊焊接、黏接、烧结等特殊连接工艺，专用芯片加工技术，MEMS技术等。

3. 智能化技术

智能化技术是仪器仪表和测控设备的发展方向，智能化技术已成为现代测量控制技术的关键技术之一。国外产品普遍具有强大的智能化功能，如具有自校准、自检测、自诊断、自适应功能，具有复杂运算和误差修正的数据处理能力，具有复杂控制功能，并可灵活改变和扩展功能等。我国仪器仪表和测控设备在智能化方面还有很多工作需要做。

4. 数字通信网络技术

仪器仪表的网络化已经成为世界公认的发展趋势。以现场总线技术为代表的数字通信网络技术得到很快发展。自 IEC 发布现场总线标准以来，工业自动化网络通信技术还在不断地发展，到 2007 年，现场总线协议的国际标准有可能达到 18 种，包括具有我国自主知识产权的 EPA 通信协议。无线通信协议，如 IEEE 802.15.4 的 ZigBee 协议，IEEE 802.15.1 的蓝牙协议也都得到迅速发展。适用于科学仪器的 VXI/PXI 通信协议已经成为科学仪器的总线标准。基于 Internet 网络的开放式虚拟网络实验室将逐步走向实用化。

国内现场总线技术的研究总体上还处于跟随阶段，不少已经开发成功的产品尚未取得现场总线组织授权的机构认证，智能化产品的系列也不完整，现场总线通信专用芯片开发和通用功能块软件包的关键技术还未能完全掌握。

5. 系统集成和应用技术

随着工业设备的大型化、高参数化，对仪器仪表的要求不断提高。为了实现工业设备的安全起停、稳定运行、故障处理等要求，必须把不同厂家生产的各种仪器仪表产品无缝地集成为一个协调系统。如何处理这些仪器仪表产品之间的数据传递、信息共享、协调操作等以满足用户的要求已经成为一项十分重要的技术，即系统集成技术。另外，以提出整体解决方案(SOLUTION)为目标的应用技术和以优化软件、先进控制算法为代表的应用软件也已成为新的发展趋势。这些技术的发展都为用户带来明显的经济效益。

我国自动化设备供应商还不具备 MIV 所必须具备的项目策划、设计、组织、采购、验收、调试等项目管理技术，对大型火电机组、大型炼油装置、大型乙烯装置和连铸连轧装置的自动化整体解决方案的提供能力与国外公司相比还有差距，系统整体安全等级的认证也还未开展。

参考文献

[1] 王常力，罗安. 分布式控制系统(DCS)设计与应用实例. 北京：电子工业出版社，2004.
[2] 冯冬芹，黄文君. 工业通信网络与系统集成. 北京：科学出版社，2005.
[3] 王树青，金晓明. 先进控制技术应用实例. 北京：化学工业出版社，2004.
[4] 中国科学院，中国工程院. 中国高技术产业发展研究.
[5] 国家发展和改革委员会. 中国装备制造业发展研究报告，2002.
[6] 中国机械工业联合会. "十一五"重大技术装备规划建议，2005.
[7] 仪器仪表行业协会网站.
[8] IEC 网站 www.iec.ch[EB/OL].

撰稿人：施一民

科学仪器*

一、引言

科学是从测量开始的。科学仪器是信息的源头，是信息产业的重要组成部分，对促进国民经济、科学技术、公共安全、国防建设的发展都有巨大的推动作用，是经济社会发展支柱性、战略性的产业。现代科学仪器既是知识创新和技术创新的前提，也是创新研究的主体内容之一和创新成果的重要体现形式。许多学科分支都是以某种科学仪器的发明而发展起来的。科学仪器及技术是现代科学与工业的基石。科学仪器的发展水平标志着国家创新能力和科学技术发展的水平。

近两年，随着信息科学、生命科学、材料科学、纳米科学等深入发展，促使世界科学仪器技术的进展突飞猛进，新技术异彩纷呈，新产品不断涌现。另一方面，全球经济和社会发展不断对技术和仪器提出许多新的需求，使科学仪器研究和应用进入一个前所未有的高速发展期。本文仅对近两年来科学仪器研究、发展、新产品等主要部分进行简要的综述。

二、国外科学仪器科技和产业发展的战略、趋势及我国现状

（一）各国都把发展科学仪器作为国家发展战略

在科学仪器发展的战略目标和资金投入方面，发达国家都制定了各自的发展战略并锁定了目标，有专门的投入，已成为有意识、有政策、有目标的政府行为。如美国，其总体目标是：保持美国在科学仪器领域的领先地位，其措施除了通过政策大力鼓励各大仪器公司加大 R&D 的投入外，国家还通过两个基金会（NSF 和 NIH）扶助各大公司研发科学仪器。美国能源部和国防部每年也都有大量的资金投入，并有明确的目标和要求，采用了类似于我国的横向课题，通过合同委托的办法进行研发。

日本于 2002 年制定了高精密科学仪器振兴计划；欧盟在“第六框架计划”（2002—2006）中将“科学基础设施”（主要指科学仪器）列为第五项重点内容；英国科学技术办公室（OST）建立了科学基础设施和科学仪器投资机制并确立了投资比例；加拿大自然科学与工程研究理事会（NSFRC）制订了“研究工具、仪器和设施计划”。

各发达国家都把研发先进的大型科学仪器和实验设施，构建世界级先进实验基础设施平台，上升为创造世界一流科研成果，培育和吸引优秀人才的一项战略措施。

---

* 在此真诚地感谢本报告撰写过程中提供热情支持的国内一大批著名学者、专家及仪器信息网（www.instrument.com.cn）。

我国已将科学仪器研发列入《国家中长期科学和技术发展规划纲要》(2006—2020 年)。国家发改委将科学仪器产业化列为高技术产业化专项。科技部已将《科学仪器设备研制与开发》列入“十一五”国家科技支撑计划重大项目。2006 年国务院《关于加快振兴装备制造业的若干意见》中,将“关键精密测试仪器”列为主要任务和实现重点突破的 16 项任务之一。

(二)科学仪器技术发展的趋势

当今科学仪器发展总体上呈现出检测原子、分子和组分的仪器向多功能、自动化、智能化、网络化方向发展;进行分离、分析的仪器向多维分离和分析方向发展;生命科学仪器向原位、在体、实时、在线、高灵敏度、高通量、高选择性方向发展;检测复杂组分样品的仪器向联用分析仪器方向发展;用于环境、能源、农业、食品、临床检验的仪器向专用、小型化方向发展;样品预处理仪器向专用、快速、自动化方向发展;用于国防和生命科学的仪器向集成化、微型全分析系统方向发展;监控工业生产过程的分析仪器向在线分析、原位分析方向发展。

科学仪器是一种高科技产品,它受益于采用各种前沿技术的最新成果,同时也面临各种前沿技术不断地创新和发展的挑战。可以预计,随着生命科学、材料科学、能源科学、环境科学和公共安全科学的发展以及新技术的不断出现,科学仪器必然采用新技术、新机理、新材料、新器件,会在多功能化、集成化、固态化、微型化、模块化、智能化等方面将不断的创新。

(三)我国科学仪器发展的现状

改革开放初期,由于既受市场经济的冲击,又受国有体制的束缚,我国科学仪器的发展经历了一个低潮期,许多科学仪器厂纷纷入不敷出,难以为继,曾经一度明显萎缩。在 20 世纪 90 年代初期,科学仪器国产化率只有 13%。

随着国有经济体制改革的深入和人们对于发展科学仪器重要性认识的提高,以及民营企业的崛起,加上整个经济发展加速所起的带动作用和国家从“九五”开始把“科学仪器的研制和开发”列入了科技攻关项目,并逐渐增加投入;国家自然科学基金委员会设立了科学仪器专项,中科院也设立了科学仪器创新研究专项,情况终于有所好转。濒临破产的一些国有分析仪器厂,通过重组、改制,走出了低谷,显示出新的活力。20 世纪 80 年代末和 90 年代初,成立的一批民营分析仪器企业的发展速度很快,近年来年销售额的增长都超过了 30%,他们的产品已得到国内用户的认可,并已有部分进入国际市场,他们之中有部分企业参与了国家科学仪器攻关项目,为科技创新的主体向企业转移迈开了一大步。

通过这些仪器制造企业和相关科研工作者的共同努力,目前我国科学仪器的发展已初具规模,从地理分布来看,主要由四块区域组成,即以北京为中心的渤海湾区域的科学仪器产业带;以上海为龙头的长江三角区域的科学仪器产业群;以长春、大连为基础的东北区域的科学仪器产业化基地和新近崛起的以深圳为代表的珠江三角洲地区。“九五”结束时,以分析仪器为核心的科学仪器的国产化率达到了 30%。科学仪器的研究开发和产业的发展开始逐渐走出低谷,驶入快速发展阶段。部分中低档产品已基本达到国外同类产品水平：如光谱分析仪器领域，具有自主知识产权的原子荧光光谱仪，占领了整个国内仪器市场；中档紫外可见分光光度计和原子吸收分光光度计，除满足国内常规分析的需求外，还有部分出口。当然从总体而言，我国科学仪器还处于幼稚期，以科学仪器中的主体分析仪器为例，在当今运用的90余种分析仪器中，我国已有的产品仅为20多种，还不到1/3；再如生命科学专用仪器约有80余种，我国商品化产品只有16种，正在研究的10多种。但是我国科学仪器的市场前景十分广阔，预计在2006～2015年期间，新购科学仪器的总额将远远超过1 000亿元人民币，这还不包括每隔5～7年需要更新换代的数量。

但是，长期以来国外著名的仪器公司凭借技术和品牌的优势，占据着国内的大部分高端市场，特别是高档的光谱仪、色谱仪、质谱仪、电镜、核磁、生化和生命科学仪器等，基本上依赖进口。

三、近两年国外各类科学仪器和产业发展趋势及我国的状况

(一)色谱仪

1. 色谱仪整体性能不断提高

Waters公司的UPLC、戴安公司的UltiMate 3000型液相色谱仪以及安捷伦公司的1200型液相色谱仪，是液相色谱的代表性仪器。UPLC使用了超高压输液泵(15 000 psi)，1.7 μm无机硅胶和有机硅化合物杂化的C18填料，高速采集信号，是高效、高通量、高灵敏度的分析工具。UltiMate 3000和安捷伦公司的1200型液相色谱仪可适应从半制备量到纳升级的HPLC/MS/MS的要求，适应生物医药、食品、环境等领域的要求，有较高的技术含量。Selerity Technologies公司推出的“高温液相色谱的预加热装置”，对流动相进行预加热以改善分离效果。美国ESA公司推出的电雾式检测器(CAD)，其优秀性能足以成为高效液相色谱的通用检测器，其灵敏度可达蒸发光散射检测器(ELS)的10倍。

气相色谱仪各个生产厂家都把电子压力和流量控制装置，以及整体气路单元和精确的温度和压力控制技术用在整机上，使GC的自动化、可靠性和精密度大为提高。

全二维气相色谱(GC×GC)是一个刚刚兴起的技术，与传统的毛细管二维气相色谱相比，其分离能力较传统的色谱技术有了大幅度提高。第一台商品化的二维气相色谱系统是热电集团的TRACE 2DGC。该型仪器采用了低温调制专利技术。全二维色谱和质谱联用、构成全二维GC/MS/MS和全二维HPLC/MS/MS是近年国外色谱仪发展的亮点，全二维色谱仪综合了机械、电子、计算机软件等技术，为复杂混合物的分析(如中药、烟草、生物样品)提供了有力的工具。

美国DIONEX公司推出的免化学试剂的离子色谱仪(RFIC)技术，结合了淋洗液自动发生器，自动再生抑制器技术以及除去淋洗液中杂质的自动连续再生的捕获柱，是重大的改进。同时将离子色谱与脉冲安培电化学检测器结合、构成分离、检测高亲水性和高极性化合物，如生物和食品中的糖、氨基酸、糖醇、多元醇、生物胺以及药品中抗生素的极佳方法。另外离子色谱与原子吸收、原子荧光和质谱的联用，可以实现对许多元素的形态进

行检测,对元素的毒性和营养作出准确的评价。

2. 色谱仪器向小型化发展,适用于现场测试

气相色谱的另一个发展趋势是微型化。当前现场检测日益受到重视,尤其是在食品安全、生产安全、环境监测等公共安全领域。其中代表性的产品有 Agilent 3000、MINI-CAMSFM—2001、2NOSEMODEL 4200 型等。安捷伦的 3000 型便携式 GC,使用毛细管色谱柱,芯片 TCD,只有 5.1 kg,可用于石油和煤矿瓦斯气体分析。

复旦大学和上海精密科学仪器有限公司联合推出的 GC190 小型便携式气相色谱仪,北京东西电子推出的便携式光离子化气相色谱仪为我国便携式仪器的代表。

3. 芯片色谱仪

为了适应极少量样品的分析,出现了在芯片上进行分离的气相、液相和离子色谱仪,如安捷伦公司发布了芯片分离的 HPLC/MS(Agilent 1100 Series HPLC-Chip/MS system)。

德国微系统科技有限公司(SLS)推出的 GCM 5000 被誉为是当今世界最小的气相色谱。该色谱系统拥有传统气相色谱的所有功能和构造,而尺寸只有 3 英寸×2 英寸,采用了半导体加工技术,使得分离柱只有人的指甲大小。

目前的瓶颈是如何发展出微型高灵敏、高选择性的检测器。

微型液相色谱系统的主要困难在于高压微流量输液。曾经指望用电色谱来替代高压泵,在原理上是可行的,但使用上有重复性差的问题。德国 IMM 研究所与日本东京大学合作研发的芯片高压液相色谱仪,最后仍然卡在高压输液泵上。

4. 着力于色谱的核心部件色谱柱的研究与开发

色谱柱中的色谱固定相一直是经久不息的研究热点,国外对色谱固定相的研究常常是把研究成果直接放到自己的公司去生产,如现在属于安捷伦公司的 J&W 公司生产的毛细管气相色谱柱,就是 Jennings 把自己研究的成果转化为产品。美国 Astec 公司的手性毛细管气相色谱柱也是 Armstrong 把自己研究的成果转化为产品,并组建了 Astec 公司。另一个特点是各个大公司,结合社会热点、需求,研制专用的高水平色谱柱。Waters 公司的 XBridge HPLC 色谱柱,可以耐受 pH 为 2～12 的酸碱度,颗粒度有:1.7 μm、2.5 μm、3.5 μm、5.0 μm。Phenomenex 公司的 Germini C18 固定相,可在 pH 为1～12的环境中工作,在 pH 为 11.5 的溶液中有 50 天的寿命,颗粒度从 3.5～10.0 μm。

近年出现了高温 HPLC,因为在高温下(150～200 ℃)可以提高柱效,可以使用较长的色谱柱和较小颗粒的填料,可以使用纯水做流动相。适于高温 HPLC 的固定相如热电公司的石墨化炭黑、岛津公司的聚合物包覆的硅胶、Supelco 公司的五氟苯基丙基聚合物固定相以及二氧化锆基固定相等。

至于整体柱技术,目前它在学术领域较之商业领域更为活跃,该技术可以在非常低的背压条件下获得更高分辨率和更快的分离效果。戴安公司 2005 年从 Teledyne Isco Inc 收购了整体柱技术,目前正在从事商品化研究。而国外一些学术研究团队则正迅速地把这项技术向在主链上进行配位体的光接枝方面发展。日本京都技术大学 Tanaka 教授指出,对于硅整体柱而言,单位单元的尺寸从 2.9 Å 减小到 2.0 Å,其峰容量和色谱分离效率可提高一倍。

5. 我国产色谱仪的差距

虽然我国近年来推出了电子数字压力和流量控制的气谱仪、便携式气谱仪、中档液相色谱和离子色谱仪，但由于受到我国的基础工业、材料科学、电子技术、工艺技术等方面的制约，色谱仪方面仍有十年以上的差距，主要是：

(1)气相色谱仪：电子压力和流量控制技术，柱温箱温度控制范围、精度和升降温速率，色谱柱的使用温度和分离能力等尚不及国外产品，且检测器品种不全；微型热导检测器和微型电子捕获检测器，色谱柱和软件功能等差距大。

(2)高效液相色谱仪：输液泵的输液精度与寿命有待提高、检测器种类少，高性能色谱填料几乎全靠进口，色谱柱种类较少。

(二)光谱仪

当今将稳定、可靠的光谱仪器与功能全面的化学计量学软件相结合成为现代分子光谱分析技术的显著标志之一，如红外、近红外、拉曼和紫外光谱分析技术等。

1. 原子吸收

德国耶拿公司推出了全球第一台 contrAA 型连续光源火焰原子吸收光谱仪，采用一个连续光源(高聚焦短弧氙灯)取代了传统的空心阴极灯，辐射出从紫外线到近红外的强烈连续光谱(190～900 nm)，采用了高分辨率的中阶梯光栅，色散后所得谱线宽度可达 pm 级。该型仪器采用了 CCD 线阵检测器以增加量子效率。从可获得的分析信息量的角度而言，该仪器已和 ICP 光谱仪相近。

2. 原子荧光及联用技术

这是极具中国特色，具有自立知识产权，并已处国际领先地位的技术。已有一批骨干生产企业生产，如吉天、科创海光、瑞利，不仅满足国内需求，还有外商代理，销往国外。特别是欧盟的 ROHS 指令已于 2006 年 7 月启动(对电子电器产品中的 Hg、Pb、Cr(V1)、Cd 的含量有极严格的限制)，原子荧光可测定上述 4 种重金属元素，我国制定的相应标准正履行国际认证。另外原子荧光与色谱分离系统联用，可检测元素价态，对食品、保健品的毒性和安全性作出更确切的评价。

3. 全日面太阳光学与磁场观测仪器

太阳磁场观测研究是天文学的前沿和热点课题，是太阳物理研究的基本课题，是空间天气学的研究基础和预报基础。太阳大气是太阳最活跃的层次，那里的一切爆发现象和过程与磁场相互作用密不可分。

中科院国家天文台和南京天文光学仪器研究所为解决太阳大尺度矢量磁场观测研究和空间环境预报问题，进行开创性的研究工作，以双折射滤光器置于远心光路和最厚级晶体的温控高稳定度，两路光学系统高精度成像等关键技术，成功地研制全日太阳光学与磁场监测仪器，2005 年 12 月在基地正式投入使用，在世界上首次获得了高时间分辨率和高磁场分辨率的全日面矢量磁图。

2006 年在北京召开的 COSPAR2006 会议上该仪器得到外国专家高度评价。这是“中国天文学家们在基础仪器研究方面取得的巨大突破”，“在太阳活动区电流螺度监测方面是一个绝对领导者"，新的全日面矢量磁像仪将扩大太阳方面的研究范围，是这一重大课题的明显突破，"新仪器将为太阳物理中的各种问题的研究提供更完美的磁场数据"。

4. MEMS(Micro Electro Mechanical Systems)光谱技术

采用微型制造技术，将机械部件、传感器、执行机构和电子系统利用显微加工技术，集成到一个普通的基材(硅、铝或其他)上。MEMS 可以改进现有所有产品领域，并赋予产品新的特质和性能，出现新一代的过程光谱分析仪。

5. 红外光谱

近两年来红外光谱技术有以下 3 个方面有明显进展。

(1)红外化学成像

化学成像是一种同时提供空间的、化学的、结构和功能的信息，是一组三维的数据块，化学图像数据为海量数据，使用化学计量学方法进行处理。

近两年的进展主要表现在共焦平面红外阵列检测器与 FT—IR 光谱仪器的耦合研究方面，目前发展方向倾向于使用线阵检测器，可避免面阵中坏像素的影响，值得关注的是如 SPECTRAL DIMENSIONS 公司研制开发的专用和在线化学成像分析仪，用于制药、高分子、食品、法医、反恐等领域。

(2)红外光谱数据处理技术

多维红外光谱数据的处理在近两年内得到了特别的关注。研究最多的是二维光谱。

(3)编码光度红外光谱测定法

这是一种新技术，一个编码转盘部件产生干涉图，经过傅立叶变换得到红外光谱图，可以用于检测化学反应动力学和产物的信息，非常适合在线检测，适用于散射、透射和吸收光谱技术的应用。它具有速度快和抗环境干扰能力强，体积小、结构紧凑、简单和成本低等优点。美国 ASPECTRICS 公司拥有这项新技术，目前产品已经投放市场。2006 年度获得《研究与开发杂志》颁发的百名市场影响力最强新技术产品奖。

6. 近红外光谱

当前，近红外分析已广泛应用于农业、食品、医药、石油、化工等领域，近红外仪器已经形成独立的产业，国际上近红外技术市场主要被美国热电尼高力公司、丹麦 FOSS 公司、德国布鲁克公司、瑞典 Perten 公司等分析仪器企业占据。我国的近红外技术产业经过 20 多年的发展也具有一定的规模，北京英贤公司和上海棱光公司是其中的代表。

目前国际上主要从事近红外仪器研发、生产的公司也在把主要精力投向模型和方法的研究与开发上，因此共享模型和方法标准的研究将是近红外技术今后几年发展的主要方向。可喜的是，我国科研院校，如石化院、中国农大、湖南大学、中南大学、第二军医大学、华东理工大学等研发出了拥有自主知识产权的、适用于光谱分析的化学计量学软件。这些软件在主要功能上与国际流行软件(如 Unscrambler 和 Grams32)没有显著性的差异，而且在界面语言、风格以及操作习惯上更适合我国的实际情况，已经在实际科研生产中得到了较为广泛的应用。目前我国近红外光谱技术正处鼎盛时期的前夜，有许多方面走向世界前列。

7. 在光谱技术领域值得关注的四项新技术取得重大突破

(1)太赫兹辐射技术及其相关仪器的新进展

近两年来,太赫兹辐射技术取得了不断的进步,特别是这些技术的应用得到了迅速的发展,相关仪器开发和国防、安全检查、材料识别与诊断、生产监测、生物医学等领域应用都取得了许多进步。

太赫兹辐射(T-射线波长为 3 0~3 000 μm 范围内的电磁波)可以像 X 射线那样穿过某些材料,"看"到其背后的物质。T-射线光子能量极低,不会对人体和其他材料造成电离,大多数包装材料如纸张、碳素板、塑料等对 T-射线都是透明的,而金属和含有水分的材料不能透过 T-射线,可以利用 T-射线进行成像,透视出包装物品内部物体的 T-射线图像来,从而可以应用于机场行李箱的安全检查和医生对人体内有损伤或破裂器官的检查。该技术的最大困难在于难探测到微弱的太赫兹辐射信号。

太赫兹技术的应用领域主要包括太赫兹光谱、太赫兹成像和太赫兹通讯几个方面。美国 PicoMatrix 公司和 Zomega Technology 公司、英国 TeraVIEW 公司、日本 Nikon 公司、布鲁克光谱公司都相继开发出了太赫兹光谱仪和成像系统。

太赫兹时域光谱技术,目前仍然是太赫兹光谱技术的核心研发领域。

太赫兹成像技术,目前主要向着实时成像、全息成像和三维立体成像技术方向发展。利用太赫兹电场相位信息的相位成像技术,是当前国际上积极发展的太赫兹成像技术之一。

为了发展小型化太赫兹系统,基于飞秒光纤激光器的太赫兹产生与探测系统,已经有实验室原型样机出现。太赫兹光子器件的研发,如太赫兹透镜、太赫兹滤波片、太赫兹波带片等光子学器件,已经吸引了国际科技界的广泛关注。

美国、日本和欧洲相继将太赫兹技术列为未来几年发展的关键技术。

我国于 2003 年启动了"太赫兹物理器件及应用研究重大项目"。"我国首台基于电子激光的太赫辐射源"被评为我国 2005 年基础研究十大新闻的第三项。

(2)光学分子成像系统

分子影像学是一门新兴的交叉科学,具有传统成像所没有的特点:无创伤、实时、活体、特异、精细(分子水平)的显像等独特性质。

国外光学分子成像系统主要有:精诺真活体内可见光成像系统——Xenogen-200,200 系列体内可见光成像系统,可以做激发荧光和自发荧光断层成像,可实现三维荧光光源的重建。它的探测深度为:颅内可达 3~4 cm,分辨率为 1~3 mm。KODAK 高性能数码成像系统——KODAK,它能进行二维成像,分辨率为厘米级;不能进行三维成像。小动物光学分子成像系统——GE,GE Healthcare 通用电气医疗集团的 eXplore Optix 小动物光学分子成像系统,是激发荧光成像设备,探测深度:灵敏度高时,为 1.5~2 cm;灵敏度低时,为 3~4 cm。分辨率为 0.5~3 mm。虽然国外已经作出了光学分子成像系统,不同程度上还是有一定的缺陷。

国内光学分子成像系统主要有:清华大学、天津大学等科研单位正在研制激发荧光断层成像(FMT)原型系统。截至目前,国内还没有拥有自主知识产权的光学分子成像设备。在综合上述 3 种国外光学分子成像设备的优点并对缺陷进行了改进之后,我国构建了 BLT/FMT 原型系统，该系统包括荧光信号采集装置、图像信号预处理模块以及计算机系统，可以完成自发荧光断层成像(BLT)和激发荧光断层成像(FMT)。BLT 软件已获得我国科技进步二等奖，BLT/FMT 的研究已列入国家"973"计划。

(3)表面增强拉曼光谱技术

表面增强拉曼散射(SERS)技术具有灵敏度高、干扰小的特点，适合于研究界面效应，可以解决生物化学、生物物理和分子生物学中的许多难题。以往由于重现性不好等问题，SERS 在分析测试中还没有发挥出应有的作用。近年来，SERS 的最新成果有望解决超高灵敏度分析问题，甚至进行生物单细胞和单分子以及纳米结构的分析。针尖增强拉曼显微技术(Tip-enhanced Raman Microscopy)利用金属涂层的悬臂在针尖区域产生增强信号，使得在与针尖相接触的被研究物表面有可能测定 SERS 信号。生物芯片与 SERS 技术的结合也是一个令人感兴趣的方法。在芯片表面通过固定生物病原体以及对 SERS 有活性的金属，来测定出 SERS 信号。这些方法还有一些技术难题需要解决，但超高的 SERS 信号为建立高灵敏度的分析方法提供了可能，其前景是很诱人的。

(4)二维 CCD 阵列探测器光谱仪

我国复旦大学采用多光栅集成技术，对光谱在二维空间 10 重折叠，使实际光谱区测量宽度分别扩展 10 倍，在小于 0.1 ms 内，以优于 0.07 nm 的光谱分辨率实现了 200～1 000 nm波长范围内快速和高灵敏度光谱测量和分析。采用 CCD 或 CMOS 阵列探测器光谱仪是一项革命性设计，通过采用多光栅结构对成像光谱进行高密度折叠，在很宽的光谱区内实现高分辨率、快速和长时间可靠测量，将会成为现代光谱仪设计中一个主流技术和发展趋势。被国际同行 Laser Focus World(激光聚焦世界)和 Photonics Spectra(光电子光谱)称为"原创性重要贡献"。在国内已获专利发明权。

(三)质谱仪及其分析技术的新进展

质谱分析技术是探索物质组分和结构最有力的手段，在引发的物理、化学、生物的一系列科学突破中起着关键作用，所以诺贝尔奖曾于 1906、1911、1922、1989、1992 和 2002 年度，授予与质谱仪和质谱分析理论有关的 7 位科学家。

离子化技术和质量分析器是质谱技术的核心，前者是把待分析样品分子转化为离子，后者是把离子按其质量分离并分别测量它们的数目，构成质谱图。

1. 离子化技术的新进展

离子化新技术主要包括电喷雾(Electrospray Ionization，ESI)和基质辅助激光解吸电离(Matrix Assisted Laser Desorption Ionization，MALDI)两项离子化技术。这两项离子化技术近年来又取得以下重要的进展。

(1)解吸电喷雾电离(DESI)是 ESI 技术的延伸。溶剂(含少量电介质)流入雾化器的毛细管，喷出的带电雾滴及离子在雾化气的带动下，轰击处于对面的样品靶，将靶上的样品解吸并电离成离子。DESI 的最大特点是无需提取、分离等繁杂的样品前处理，而且离子化是在大气压下进行，能在很短的时间内完成样品的分析，灵敏度也很高。DESI 的特点使这一技术可在检测爆炸物、化学制剂、毒品等方面得到重要应用。

实时直接分析(DART)是与 DESI 类似的离子化技术，它使用激发态氦原子作为离子化试剂，也有很高的灵敏度。

(2)硅表面上解吸电离(DIOS)是用电化学方法腐蚀硅片，形成多孔(微孔)表面，将样品涂于硅片表面，再置于激光的照射下，可使样品解吸并电离。

MALDI 需要使用基质，这些基质产生大量的质谱峰，构成很高的背景，使分析发生困难。DIOS 不使用基质，因而背景十分干净，有利于分析小分子。用 DIOS 分析药物 WIN，可得到清晰的质谱图，用于分析蛋白质也可提高氨基酸序列的覆盖率。DIOS 还有较高的耐盐性。

最近研究揭示，硅片上刻槽或将金属片腐蚀成多孔，只要槽或孔的尺寸在亚微米级，就具有无基质激光电离的性能。

(3)飞行时间二次离子质谱(TOF-SIMS)的离子源，在提高质量分辨水平方面取得突破进展，最重要的是该技术特别适用于有机物表面分析，大面积成像和有机物深度分析，适合生命科学需求。

2. 质量分析器的新进展

质量分析器的研究朝两个方向发展，一是发展新型高分辨率的质量分析器，二是质量分析器的微型化。近年来有以下新进展：

(1)轨道离子阱(Orbitrap)。其最大特点是无磁场、无高频电场，只用静电场，属静电场离子阱。轨道离子阱的分辨率高达 15 万，质量测量准确度可优于 2×10^{-6}。在制作成本以及运行维持费上，比离子回旋共振质谱低很多。这种质谱仪在药物研究、蛋白质组学和代谢组学等重大研究领域迅速得到广泛应用。

(2)质量分析器微型化。在 Oak Ridge National Laboratory 工作的 Mike Ramsey 和 Bill Whitten 以及在 Nanofabrication Laboratory at Bell Laboratories 工作的 Stanley Pau 3 人合作，在 25 mm^2 的芯片上制作了 256 个微型离子阱阵列。这种微型离子阱可在 10^{-4} Torr 低真空下工作，可免去使用昂贵的涡轮泵。这种微型质谱仪将来可能进入医生诊所，成为临床诊断的仪器。

3. 质谱各种连用技术的进展

Perkin Elmer 2006 年推出新一代的 Clarus 600 GC/MS，以柱温箱设计为例，提高升温和降温速率，缩短循环时间，提高样品分析效率和仪器投资回报率。其中 EI 和 PCI/NCI的灵敏度指标也处于行业先进水平。

热电公司推出最新四级杆气质联用仪 DSQ(TM)Ⅱ，配置了最新的离子源和检测系统，定量分析的线性范围超过 6 个数量级，扫描速度达到 11 000 amu/s；组合式傅立叶变换—离子回旋共振质谱仪 FTICR—LTQFT Ultva(TM)，该仪器质量精确度达到亚 ppm 级，分辨率超过 750 000。

岛津公司推出新一代的 GC/MS—QP2010 plus，采用独立加温的高效离子源、大容量排气泵、ODLenS 的检测器等技术。

安捷伦科技公司新一代气质联用仪——5975 inert MSD，此系统具有全新的用户界面，可以通过电子方式共享各种应用方法。该系统的推出，使用户可从网上下载分析方法而不用自行创建，从而加快了实验室之间各种方法的转移和标准化。分析工作者还可以利用最新版的软件，将原来的 5973 系列 MSD 方法转移到新的 5975 inert MSD 中。

4. 我国质谱仪研发的进展

我国近几年起步研发和销售质谱仪。东西分析仪器公司已小批量投产 GC/MS3100（四极质谱），国家标准物研究中心正研发 MSQ-1000 平板直线离子质谱，上海精料与复旦大学联合开发了 MS-800ESI-TOFO。上海大学和上海科创色谱公司联合研发成功 GC-TOF-MS。这些国产仪器将在食品安全、药检、商检、农林、化工、生命科学等领域得到广泛应用。

5. 质谱技术发展趋势

(1)向高精密方面发展。

(2)向小型质谱仪发展。在各类质谱中，生物质谱成为有机质谱中最活跃、最具有生命力的前沿研究领域之一。小型质谱主要以四级杆、离子阱和飞行时间质谱为主。广泛地应用于环境、农业、食品、药检、公共安全。各类质谱仪全球市场状况可参考美国 SDI 公司 2006 年出版的《实验室生命科学和分析仪器工业市场分析与展望》。

(四)核磁共振仪

核磁共振(NMR)在科学上具有重要的地位并对推动物理、化学、生物、医学等学科的发展起到了非常重要的作用。因此诺贝尔奖曾 6 次授予 NMR 工作者，授奖领域涉及物理(1944、1945、1952 年度)、化学(1991、2002 年度)、生理或医学(2003 年度)。NMR 的广泛应用，特别是来自生物、医学领域的需求，推动了 NMR 谱仪技术的迅速发展。近年来有以下进展和突破。

1. 核磁共振波谱仪(NMR)

(1)核磁共振对高磁场强度的追求是无止境的。高强度带来的是 NMR 灵敏度和频谱分辨率的提高、四极展宽的减小、弛豫特性的改变等。继 800 MHz NMR 谱仪逐步普遍化之后，900 MHz 谱仪的市场和用户迅速增加，几个主要公司已经推出 950 MHz 的谱仪。1 GHz 及以上的高分辨液体 NMR 谱仪已经在研制之中。美国强磁场国家实验室(NHMFL)采用超导和水冷混合磁体，研制出了磁场强度高达 40 T(1.7 GHz)的固体核磁共振谱仪。随着新型超导技术、超稳定技术和超屏蔽技术等的不断进步，已经制造出了 4.2 K 的 800 MHz 磁体。杂散磁场大大缩小，磁体重量、液氦和液氮消耗、制造和维持成本显著降低。例如：Bruker BioSpin 集团推出了世界首款 950 MHz 主动屏蔽超导磁体 950 US2。该产品融合了 Bruker BioSpin 独有的 UltraShield(TM)主动屏蔽技术和 UltraStabilized(TM)附加制冷技术，从而具有更为出色的灵敏度和谱色散，但其低温保持器的尺寸和低温性能较之 900 US2 没有改变。

(2)谱仪包含的射频系统、脉冲磁场系统和信号处理系统，每 3～5 年就有一次重大升级。全数字化的核磁共振谱仪无疑将成为未来 NMR 仪器市场的主流产品。新型谱仪相继采用了高频和宽带接收器，从根本上解决了正交检测的相位和幅度匹配问题。中高端谱仪多具有自动匀场功能。探头的自动调谐技术逐步成为标准配置，普遍采用的多道同时检测技术，可以实现同核异核的双道同时检测。

(3)低温探头(20 K)是重大突破之一

800 MHz 低温探头的信噪比(0.1%乙基苯)可以达到 7 600∶1。低温探头灵敏度提高的关键是降低了热噪声。现已出现接收线圈和前级放大器同时置于低温的探头。

(4)多功能化和集成化趋势极为明显。配置固体探头(CP/MAS)和适用于生物组织的高分辨魔角旋转探头(HR/MAS)的用户越来越多。后者在代谢组学分析中有着广泛应用。核磁共振谱仪与液相色谱(LC)和质谱仪(MS)的集成(LC-MS-NMR)在复杂混合物定性和定量分析以及结构鉴定方面具有广大的市场。LC 中的固相萃取、飞行时间质谱(TOF)和多级质谱(如 MS/MS/MS 等)已经用在集成的仪器之中。例如,美国瓦里安公司与诺伊大学—香槟分校(UIUC)合作推出一款生物固体核磁共振探头 Bio-MAS(TM)。Bio-MAS(TM)采用了目前正在申请专利的卷形线圈设计技术,从而使得 Bio-MAS(TM)的发热量较之常规探头降低到原来的 1/3。发热会对宝贵的固体生物样品造成破坏,而新产品使样品的试验寿命提高了至少 1 倍以上。

我国 NMR 仪器至今全部依靠进口。现已将"300～500 MHz 核磁共振波谱仪的研发项目"已经列入"十一五""国家科技支撑计划重大专项"。

2. 核磁共振测井仪和探水仪

基于核磁共振原理的仪器还有测井仪和探水仪。核磁共振测井仪器能够提供油井内原油和水的定量分布或原油的储备信息。每年核磁共振测井量超过 3 000 多口,取得了很好的经济效益,该要求具有快响应和能够适应地下高温、泥沙等恶劣环境。核磁共振测井仪的生产厂商集中在美国。我国磁共振测井仪已经研制成功。磁共振探水仪主要用于探测地下水源,俄罗斯生产仪器的探测深度可以达到 160 m 以上,我国研发的核磁共振探水仪深度在 150 m 左右,其产业化示范已列入"十一五""国家科技支撑计划重大专项"。

(五)微区分析仪(电子、粒子束微区分析仪)

利用电子、粒子束探索和分析样品表面形貌、原子和分子结构、元素组成、化学状态的仪器称为微区分析仪。这部分仪器种类很多,其中在材料科学、微电子学、化学与催化、环保、能源、生命科学等领域应用很广、发展很快的是电子显微镜和电子能谱仪。电子显微镜是人类认识自然,特别是微观世界的有力武器。电子显微镜的发展推动了人类对物质世界认识极限的挑战。近年来,由于像差校正等技术突破以及纳米科技、信息科学、生命科学等学科需求牵引,电子显微镜正处于革命性发展阶段,其主要标志是近年来电镜的分辨本领有异乎寻常的提高,点分辨本领突破 1 Å 的限制,能量分辨本领达到 0.1 eV 水平。

1. 扫描电子显微镜(SEM)

扫描电镜技术发展的主要目标是提高分辨率。场发射枪在扫描电镜上早已广泛应用,近年发展低压电镜(LVSEM)、环境扫描电镜(ESEM)和低能级电镜(SLEEM),以适用于生物样品和不需喷涂导电膜,低压时就可观察绝缘样品或半导体样品,为发展固态表面研究,促进 SEM 朝低能级方向发展。

FEI 公司最新的场发射扫描电子显微镜 Nova NanoSEM 能对非导电样品和有污染

样品进行超高分辨表征的低真空场发射扫描电镜。与 NanoSEM 同时发布的 FEI Helix 探测技术将浸入式透镜和低真空扫描电镜两种技术成功地结合在一起，给用户带来超高分辨率的同时，还能在低真空环境下有效地抑制非导电材料的电荷积累效应，抑制样品前处理过程中引起的电子束诱导污染。

日本电子推出的移动式扫描电子显微镜(SEM)“Carry Scope JCM-5100”大大简化了观测条件的设置，如同光学显微镜方便的条件下，可得到 SEM 特有的高观测景深和高分辨率数据。同时通过减小尺寸、减轻重量，用户可轻松移动扫描电子显微镜。启动扫描电子显微镜时只需一个 100 V 电源插头。该仪器简化了老式 SEM 所需的设置(加速电压、光圈调整等作业)，放入样本，大约 1 min 进行真空排气后，即可得到具有立体效果的高分辨率的观测，分辨率达到了 4 Å。

2. 透射电子显微镜

2005 年 8 月 FEI 公司发布了新一代 Titan80-300 亚埃分辨率像差校正透射电镜，分辨率高达 0.07 nm。FEI 公司近年来投资 1 亿欧元研制新一代透射电镜，据悉已接受 25 台 Titan 电镜的订单。2006 年 9 月日本日立公司展示了 HD—2700 像差校正扫描透射电镜；日本电子公司与英国牛津大学和剑桥大学合作开发的像差校正透射电镜的分辨率也已突破 1 Å(0.1 nm)。

美国为了保持其科学研究能抢占先机，由能源部支持的五大电镜实验室共同研发下一代像差校正透射电镜，建造可分辨 0.5 Å、单价数百万至千万美元的新型电镜，计划 2008 年完成。我国台湾地区近期也已投巨资开展“理想的电子显微镜”关键部件的研制工作。

亚埃、亚电子伏透射电镜的出现为物质结构研究开拓了众多的研究领域，包括物质结构的亚埃尺度研究、物质电子结构的亚电子伏特分辨水平的研究，原位有环境反应的实时观测、埃级尺度的电子束加工及原位表征等。

电子显微镜的另一个重要突破是低温电镜的出现及其在生命科学中的应用。生命科学对获取更高分辨率分子图像的要求十分迫切。对于膜蛋白、蛋白质复合体等大分子结构，传统的 X 光衍射方法和核磁共振法非常困难，将生物样品降至－150 ℃以下，可有效减少辐照损伤，使电子显微镜逐渐成为研究生物大分子结构的最佳工具之一。

透射电镜技术发展主要方向是提高分辨率。特别是在中等电压电镜中获得“亚埃的空间分辨率”和“亚电子伏特的能量分辨率”。

国内 20 世纪 80 年代初生产过 100 kV 透射电镜，后停产。目前国内只有中科集团是唯一生产扫描电镜的厂家。透射电镜国内尚属空白。科技部已将“场发射枪透射电子显微镜的研制”列入“十一五”国家科技支撑计划重大项目《科学仪器设备与开发》中。

3. 扫描电声显微镜

中科院上海硅酸盐研究所研制成功扫描电声显微镜，兼备电子显微镜高分辨率和声学显微非破坏性内部成像的特点，获得 3 项中国发明专利和一项国外发明专利权，荣获国家技术发明二等奖，拥有自立知识产权。电声显微镜及相关器件已出口美国、德国、日本、荷兰、新西兰及中国台湾地区，被誉为“我国大型仪器出口到发达国家和地区的成功范例”。

4. 电子能谱仪

作为样品表面元素分析的方法和仪器很多，其中应用最广、最成熟和有效的是X射线能谱仪(XPS)和俄歇电子能谱仪(AES)，近两年电子能谱仪的新进展和趋势如下：

(1)平行X光电子成像(XPS imaging)技术，可快速(从几秒到几分钟)进行微区元素和化学价态空间分布分析。分辨率优于3 μm，最好的能达到1 μm。

(2)单色化的X射线源(小面积XPS分析)成为主流配置，双阳极X射线源(大面积XPS分析)成为选项配置。

(3)最佳能量分辨率优于0.45 eV，进行精细化学结构和化学价态分析。

(4)在高能量分辨率条件下可获得高灵敏度分析，故可快速采集元素和其化学态信息。

(5)中和系统使得绝缘样品分析简单、方便和有效。

(6)高性能深度剖析，可进行表面与界面、三维成分深度分布分析。

(7)样品可分析面积范围宽：20 μm～10 cm，适应各种样品类型的分析。

(8)多通道检测器和DLD(Delay Line Detector)检测器，全自动样品台，用计算机控制，可进行多样品、多点、全自动样品分析。

5. 超高分辨率光电能谱仪

2006年11月由中科院物理所和理化所，以KBBF晶体和紫外激光倍频独有的专利技术共同研制成功用真空紫外激光作光源的国际上首创的角分辨光电子能谱仪，具有多项专利技术，达到当今世界上最高分辨率0.26 meV和最高动量分辨率0.0039 $Å^{-1}$，超高光子通量4.5×10^{4}光子/s，光电子逃逸深度大于100 Å，为研究先进材料提供重要手段。

(六)X射线仪器

1. X射线衍射仪

国外在X射线衍射仪方面的技术发展很快。主要表现在新型探测器、模块化、分析软件的功能强化、先进的X射线光学器件等方面。

目前国外各衍射仪生产厂家纷纷研发配备新型高性能探测器，以确保高档仪器市场中的竞争地位。有的公司不到两年就推出一种新仪器。新型高性能探测器的优点是，使测试效率提高数倍到上百倍，或提高信噪比和灵敏度，或能得到过去难以获得的特殊衍射信息。

模块化、多功能化使得简单的切换操作就可以变化功能，从而使一机多功能成为现实；机械精度和控制指标也大幅度提高。

无论是单晶或多晶衍射仪，其分析软件的功能和性能不断提高，如单晶结构分析算法、多晶全谱拟合结构优化算法、物相检索算法、反射率算法等方面，均有大幅度的提高。

布鲁克·AXS公司用于X射线衍射仪的VANTEC(TM)-2000探测器、采用了MikroGap(TM)专利技术，从而使得有效区域大幅度上升到14 cm×14 cm空间分辨率的同时，动态范围达10^{8}。VANTEC-2000整合了气态探测器和固态探测器二者的各自优势，在耐用性、分辨率、灵敏度和动态范围等方面均有突破性的进展，是一款真正的准无噪音检测器。

日本理学推出的 SmartLab™ X 射线衍射系统，是全球第一款可在一台全自动化系统上完成所有 X 射线衍射测试的 XRD 系统，仪器具有独特的 Guidance™ 智能化软件以及获得专利的 CrossBeam Optical™ 技术，可以完成一系列对于尖端材料研究至关重要的尖端测试，包括 X 射线衍射(XRD)、X 射线反射(XRR)、小角 X 射线散射(SAXS)等。

我国生产 XD-2/XD-3 多晶 X 射线衍射仪，重复性已优于 0.0006。

2. X 射线荧光分析仪

X 射线荧光分析仪方面，波长色散分析的进展主要是分析软件性能的提高，即发展高级次谱线的算法和采用基本参数法等，有利于轻元素的定性和定量分析，其他似乎没有特大的进展。能谱分析仪则在探测器和核电子学方面有重要进展，如 Si-PIN 探测器和 SDD 探测器已投入市场，它突破了过去锂漂移硅探测器的某些性能的限制，使探测动态范围大幅度提高，从而使探测灵敏度提高，也使制造成本大幅度降低且使用体积大为缩小。全反射 X 射线荧光分析法是值得注意的方向，它的特点是其灵敏度可达 ppb 量级。同时，TXRF 技术又继承了 EXRF 方法的优越性，它的定量分析性能方面也有优势。

布鲁克·AXS 公司的 XFlash(R) QUAD 检测器是 QUANTAX(TM) QUAD 型超高速—高灵敏能谱仪(EDS)的核心组件，是目前世界首款用于 EDS 的四通道 40 mm 硅漂移检测器。

3. X 射线晶体定向仪

X 射线晶体定向仪是用于生产晶体振荡器的仪器。其定向精度决定了所生产及筛选的每年近百亿片晶片的质量和价格。低档和高档的价格相差 10 倍以上。国外的进展也集中在其精度方面，采用了激光快速测振校正技术等。

4. 我国 X 射线仪的开发与生产

TXRF 已在国际上得到广泛应用。国内最新推出的 TXRF9 双光路全反射 X 荧光分析仪，可以对从 11Na 到 92U 的所有元素进行分析，一次可对近 30 种元素进行同时分析。

我国没有单晶衍射仪的产品，但有 4 个厂家生产多晶(粉末)衍射仪，年销售量已超过 30 台。但质量和性能方面距国外厂家相差较大，主要靠低价格进入低端市场。

我国目前尚无商品化的波谱分析仪。但已能生产能谱分析仪，年产量达数百台，也有少量出口。主要问题是关键技术部件探测器仍依靠进口。

我国已有 X 射线晶体定向仪产品。在国内市场中数量上占主要部分。问题是精度不够高。我国的石英晶振片的产量达几十亿片，占世界产量的大部分，但所用 X 射线晶体定向仪质量不高，价格很低。现已有民营企业在研制高档定向仪，因资金不足，进展不够快。

(七)芯片型微型分析系统

国际上通常把芯片型微型分析系统分两大类：即微阵列芯片(Microarry chips)或称生物芯片(Biochips)与微流控芯片(Microfluidic chips)。

1. 生物芯片技术与仪器

生物芯片是通过微加工和微制备技术在固体表面构建微型生物单元,实现对生命体系中组织、细胞、蛋白质、核酸、糖类、代谢产物以及相关生物大分子化学修饰信息进行准确、快速、大信息量的检测。生物芯片被认为是当今十分重要且具有战略意义的前沿高新技术。这不仅在功能基因组学、蛋白质组学、代谢组学和毒理组学等领域研究中发挥了重要的作用,而且在疾病诊断和治疗、新药研究和开发、农业、环境、食品安全、国防等领域中已经显示出了非常广阔的应用前景和巨大的商业市场。

基因芯片、蛋白质芯片、细胞芯片、组织芯片等发展较早。技术较为成熟的微阵列芯片已经大量进入实用。与生物芯片相关联的微流控芯片等技术正在逐渐成熟并开始被各领域应用。

(1)生物芯片技术发展趋势为:① 高通量、多参数、多功能、集成化,高通量分析平台是各种生命组学和系统生物学的必备手段和关键技术。② 微型化、批量化、标准化、大众化,这些趋势将使这类产品成为便携式仪器及价廉物美的芯片耗材,适用于家庭、现场等快速检测和就地诊断。在未来生物安全形势比较严重的情况下,更为必要和迫切。缩微芯片实验室代表了未来生物芯片的发展方向,是当今分析仪器发展的新的生长点。③信息化、网络化、远程控制和交互。软件已成为生物芯片应用的重要部分,网络将海量的、复杂的生物信息进行集成、分析和鉴别。软件信息技术起到了关键作用。④高灵敏度、非标记检测技术,在生物芯片上进行单分子检测、一直是普遍关心的研究热点。纳米生物检测技术在生物芯片技术中的应用得到了充分的重视,用该技术进行单根 DNA 序列检测,其检测速度的发展潜力可以提高数百倍。

(2)生物芯片及相关仪器的进展以及产业发展趋势为:欧美大型药物公司或生物技术公司都利用生物芯片开展药物相关基因筛选、药物靶点识别、生物标志物识别和筛选、临床前期药物毒理研究、药物基因组学以及个体化诊疗等各方面的研究工作。2004 年,Affymetrix公司研制出 SNP 分析基因芯片,Agilent 公司推出 aCGH 芯片,为研究肿瘤的发病机理提供了有利工具。罗氏公司开发了 CYP450 系统体外诊断基因芯片,用于筛查病人基因组的多态性,实现在治疗过程中指导医生选择药物种类和用药剂量,对病人进行个体化用药治疗。2005 年元月,美国 FDA 批准罗氏公司的 CYP450 基因诊断芯片上市,将对心脏病、疼痛和癌症的治疗提供有价值的参考。

(3)生物芯片和芯片实验室发展前景可观。未来生物芯片产业在中国或者国际市场面临几个重要机遇。首先,生物芯片在临床检测、生物安全检测、进出口检疫检测、司法鉴定、健康筛查等“领域”应用的前景会越来越好。第二,生物芯片技术的体系将会逐渐完善,将逐渐整合并实现集成化和微型化。第三,体系逐渐趋于两极化,即快速高通量大型系统和小型快速低通量系统,其中芯片实验室类产品将位居前列。第四,生物芯片体系的国内和国际标准将逐渐建立和趋于完善。

(4)我国目前有近 50 家生物芯片研发机构在微阵列芯片方面和微流控芯片研究方面取得可观的进展。在生物芯片和相关产业方面,博奥生物公司已具有国际竞争水平。其核酸分析芯片、免疫分析芯片、毛细管电泳芯片和生物芯片点样仪、杂交仪、扫描仪等产品已占国内市场份额的 30%,并经国际认证、打入国际市场。中科院力学研究所于 2006 年成功研制出“蛋白质芯片生物传感器系统”，将多种蛋白质活性微列阵、生物分子特异结合性与高分辨率椭偏光学成像技术结合，提供了一种新型无标记蛋白分析技术。该仪器具有对光波位相敏感的采样特性和高通量的独立通道阵列及实时检测生物分子相互作用的功能，并有以图像形式实时直观地显示结果和鉴别伪信号的功能，达到国际先进水平。生物芯片和仪器在生命科学、疾病预测和预防、食品安全、环保等公共安全领域有广阔的前景。

2. 微流控技术与仪器

(1)近两年该领域国际上取得了重大突破与进展。微流控(microfluidics)技术是当前正在急速发展的高新技术和科技前沿领域之一，是未来生命科学、化学科学与信息科学发展的重要技术平台，受到高度重视。微流控技术是在微米尺度结构中操控纳升至皮升体积流体的技术与科学，在该尺度下大幅度增强的层流效应、表面张力效应、毛细效应、热传导效应及扩散效应等，使许多物理与化学过程显著加速。最能发挥这种优势的领域之一就是提供生命信息的微全分析系统。通过分析装备微型化、芯片化、集成化，使分析效率成百倍、千倍地提高，试样和试剂消耗下降为百分之一、千分之一，其最终目标是在芯片大小的空间实现化学实验室的全部功能，即所谓“芯片实验室”(Lab-on-a-chip)。

最近，美国加州大学伯克利分校 Mathies 研究组在 DNA 测序的全部操作集成化方面取得了很大进展。所研制的由玻璃和硅橡胶加工的集成化微生化处理器实现了在纳升水平上的 Sanger 测序全部 3 个步骤，包括热循环、样品纯化和毛细管电泳分离。该系统仅用 1 fmol DNA 模板(试剂和样品消耗较常规方法减少数百倍)以 99%的准确度完成了 556 个连续碱基的测序。在此基础上，有可能发展出低价便携式的家用基因测序仪。

另一个值得高度重视的发展是美国斯坦福大学 Quake 研究组所报道的基于硅橡胶(聚二甲基硅氧烷，polydimethylsiloxane，PDMS)微加工的高密度微流控芯片系统。该技术 2002 年在《科学》上以封面论文发表之后，迅速得到多方广泛应用，已成为化学系统实现微型化的重要依托技术。目前，该技术已被应用于反转录酶聚合酶链反应、阵列反应，放射性标记物的多步化学合成以及高效率的蛋白质结晶及结晶条件的优化等重要领域。

(2)我国在该领域的国际学术地位。2001 年国家基金委启动了题目为《微流控生化分析系统的基础研究》的重大研究项目。目前我国在微流控分析领域，研究成果总体上已达到国际先进水平，其中部分成果包括：微流控芯片的研制与加工技术、微流控高通量连续进样方法、微流控电致化学发光系统、微流控固定化酶反应器在蛋白质分析中的应用、微流控单细胞分析、微流控荧光和吸光检测系统的微型化，以及纳米技术在微流控系统中的应用等在国际相关学术领域已具备一定领先优势。申请了百余项专利，并研制了多种具备不同程度自主知识产权的微流控分析仪器、装置或样机，为相关仪器的产业化提供了有利基础。迅速开展微流控的应用基础性研究已刻不容缓。未来微流控分析仪器与设备的市场将占越来越大比重。

至 2005 年底，我国大陆学者发表的 SCI 收录微流控论文数已达 190 篇，超过了微流控分析研究领域强国——日本的当年被收录数，而仅次于美国，位居世界第二。

(八)电化学分析仪器

国际上以美国 CH Instrument 公司生产的 CHI 系列、美国 Bio Analytical System 公司生产的 BAS 系列、美国 Princeton Applied Research 生产的 EG&G 系列、荷兰 Ecochemie 的 AutoLab 系列，是电化学分析仪器的代表。在国内，电化学分析仪器有七八个主要生产厂家。

1. 电化学分析仪器的联用技术

分离分析联用的新技术是当前分析仪器发展的一个趋势。将电化学分析技术和其他分离分析手段联用，可以提供高灵敏度、响应快、寿命长，是动态在线检测手段。联用技术包括高效液相色谱—电化学、光谱—电化学联(如表面等离子体共振、圆二色谱、红外、紫外、拉曼等光谱技术)，可以实现方便、快速、现场、高灵敏度的分析。

中科院长春应用化学所研制成功毛细管电泳电化学发光检测仪，实现了高效分离和高灵敏度检测。

2. 电化学分析仪器微型化

微型化是现代分析仪器的重要发展趋势之一，微型化电化学仪器常是现场、原位、活体检测技术的基础。

国际上如美国加州理工学院的 Barton 研究小组，实现了基于 DNA 修饰电极的芯片检测仪器。该仪器可以实现 DNA 的灵敏、快速检测。利用该方法可以实现各类碱基错配的检测。

西安瑞迈分析仪器有限责任公司最近推出了 MPI－M 型微流控芯片电化学检测仪—电化学分析仪。该仪器依托于系统所拥有的多通道电化学分析数据采集与分析测试平台、微流控芯片多路高压电源控制部件，该仪器可应用于基于微流控芯片分析的电化学检测及联用的微流控芯片电化学分析等。

3. 电化学分析仪器的发展趋势

研发高灵敏度、响应快、寿命长、微型化、可动态在线检测并经济适用、有自主知识产权的新型电化学分析仪器是发展的趋势，以满足环境、生命科学、能源、出入境检疫检验与食品安全等公共安全领域监测检测对常规仪器的需求。

(九)生命科学技术与仪器的新进展

随着生命科学的迅猛发展，国外许多生产分析仪器和生化仪器的厂家以及一大批新生的生物技术企业都迅速扩展、开拓甚至转向从事生命科学仪器的开发和生产。实际上生命科学技术中所用的仪器既包涵上述 8 类科学仪器的一系列特定的应用，同时又依据生命科学技术的特需，出现一大批生命科学的专用仪器，包括生物样品的保存、培养、分离、杂交，基因的提取、纯化、扩增、合成、导入、重组，以及复杂的检测、观察和分析等仪器设备，本文中不逐一叙述了，仅以当今生命科学最热门的三大主题和关键基础设备概述生命科学技术与相关仪器的新进展。

1. 基因测序和基因转录技术与仪器

50 年前提出了 DNA 双螺旋结构以后，癌基因以及内切酶、逆转录酶等的相继发现使生命科学经历了一场空前的大革命。随着对基因的进一步认识，科学家不仅把这些知识应用到人类的健康，而且还延伸到与人类生存息息相关的农业、畜牧业等各个领域中去。目前的主要目标：一是基因治疗的研究；二是用于药物研究的动物模型开发和建立有用的细胞株；三是对农产品和畜牧业进行基因改造，创造高产、优质、高抗的新品种、对人体有益的健康食品。

(1)基因测序技术与仪器不断创新和发展。

科学家希望将来能够为病人提供根据他们自己的遗传特征“定制”的药物，这需要对病人的基因组进行测序。人类基因组的第一次测序用了 10 多年。一些新兴的生物技术公司，试图将时间缩短到 24 h 以内。基因组测序领域的先驱 Craig Venter 说：“我们的目标是只花费 1 000 美元，在几分钟或者几秒钟内完成一个基因组的测序”。美国政府给予了大力的资助(NIH 给了 8 000 万美元的专项)，2006 年 10 月初美国的民间基金会(X-prize)提出了 1 000 万美元的奖励。快速低成本人类全基因组测序技术正在全世界范围内高速发展，已经成为国际上一个竞争十分激烈的研究领域。例如，美国 454 生命科学公司已经研制出商品化的测序设备和试剂，能够对 600 KB 的微生物基因组进行测序，准确率可达到 99.99%。

双脱氧核苷酸链终止法(Sanger 法)是目前使用最普遍的 DNA 序列分析技术。Sanger 法最多可以测试约 1 000 个碱基的序列，这个限制主要是由于序列长度的增加会造成链终止的几何可能性减少。要想在几秒钟内对数以十亿的碱基对进行测序，需要完全不同的方法。为此，出现了很多的新技术和新仪器。

1)脉冲多线激发方法(pulsed multilane excitation，PME)是由美国贝勒医学院(BCM)和莱斯大学研制出了一种“色盲”荧光检测方法，是基于 Sanger 法和毛细管电泳技术，叫做脉冲多线激发(PME)，利用 4 种激光，每种与一种特定的染料相配，利用整个可见光光谱，消除了染料间的交互问题，无需进行进一步的信号处理，能收集更多的信号，提高了 DNA 测序的灵敏度和精确度。

2)Solexa 方法是 Solexa 公司利用单分子阵列测试 genotyping，目的是重测序人类基因组。该公司相继推出了 DNA 测序表达谱产品(DNA sequencing，expression profiling)以及 microRNA 分析平台 Solexa Genome Analysis System。

Solexa 方法中，检测可以重复 25 次，可以同时检测上亿个核苷酸片断。

3)Nanopore sequencing (纳米孔测序方法)采用完全不同的方法来鉴别 DNA 分子上的单个碱基，被称为纳米测序。以 4 种碱基间的物理性质差别为基础，将这种差别转变成为可以检测的信号，从而进行测序。此方法测序的是单个 DNA 分子，并不需要 DNA 的扩增。此方法目前还处于理论阶段，仅有实验室的结果，面临的主要挑战是要精炼方法来提高此法检测单个碱基的分辨率。

4)焦磷酸测序法(Pytosequencing)是已经被 Biotage AB 公司商业化和推向市场的很有前景的新技术，是新一代 DNA 序列分析技术。这个技术是把一个核苷加入 4 种酶的混合物(DNA 聚合酶、ATP 硫酸化酶、荧光素酶和三磷酸腺苷双磷酸酶)中，利用生物体发光来检测结合到DNA上的核苷。该方法可用于DNA序列分析，配合相应软件可进行SNP分析和SNP频率确定。

5)芯片上的焦磷酸测序技术可以在包含很多小井(well)的芯片上发生。每个小井中包含着一个核苷链的多个拷贝。这项技术就是454测序仪的技术基础。454life Sciences公司在2005年8月的《自然》杂志上公布了他们开发的比传统的Sanger测序方法快100倍的一种技术。美国能源联合基因研究所(JGL)认为，该方法读出的片断较短，且不能提供配对端点测序信息，故将该方法与sanger结合，可获得更有效、更快捷的测序结果。

6)聚合酶克隆测序(Polony Sequencing)。这个测序系统的变化之一，即第一次将聚合酶克隆交联于浸没在乳状液中的珠状微粒上。当扩增反应结束后，每一个微粒上都会携带目的DNA分子的许多拷贝。带有聚合酶克隆的微粒可以分别放在单独的小孔内，或固定在凝胶上，以进行同时测序。

7)杂交测序利用荧光产生的可视信号来进行检测，类似于碱基连接法。这一测序系统由美国生物科技公司——艾菲矩阵公司(Affymetrix)、佩尔金科学公司(Perlegen Sciences)和Illumina公司开发，已经在商业上广为使用。

除上述各种方法之外，还有其他方法，而且各种方法和系统除了快速读取“字母”(碱基)之外，还需要运算能力足够强大的计算机，迅速处理海量的基因组信息，这仍然是制约快速测序法的一个瓶颈。

(2)基因转录技术与仪器。与基因测序技术发展的同时、基因转录有关设备也相继出台。例如：①聚合酶链反应仪PCR：用于基因或重组基因的克隆；②点转仪：可以比化学方法更有效地把重组的基因转到活体细胞中去表达；③荧光显微镜：主要用来检测转基因细胞的转基因成功与否；④细胞流式仪：在检测转基因细胞的转基因成功率。此外，还可以把成功的转基因细胞和失败的转基因细胞分开。

2.蛋白质组学技术与仪器

(1)以高准确度质谱技术为核心的规模化蛋白质鉴定技术与仪器。为了适应蛋白质组研究的需要，从高分辨率、高灵敏度的蛋白质分离与鉴定的线性离子阱一质谱仪(LTQ)到2005年刚推出的LTQ-Orbitrap质谱仪，以及具有小于2×10^{-6}的准确度的傅里叶变换离子回旋共振质谱仪近几年层出不穷。结合LTQ三级质谱来确证鉴定肽段的可靠性，目前LTQ-FT所产生的数据假阳性率接近于零。LTQ-Orbitrap质谱仪则利用一种全新的理念，用电场模拟达到接近于FT质谱仪的分辨率和小于5×10^{-6}的准确度。近期推出的准确质量标签技术(AMT)，则利用高分辨率、高重现性的多维液相色谱(UPLC)和高精度的LTQ-FT质谱仪结合，实现蛋白质的准确鉴定。高通量、规模化、高速度和高准确度的蛋白质分离与鉴定技术已经为蛋白质组表达谱的研究提供了崭新的发展平台。

(2)蛋白组学研究中的机器人工作站。借用汽车工业自动装配线技术，蛋白质组研究中的机器人工作站的发明和使用，使得高通量、准确、自动化地批量处理样品成为可能。自动化操作系统主要是指实验室自动化工作站，俗称机器人，是由计算机控制的全自动实验室操作设备。试验室自动化工作站的基本功能是可以自动连续地完成试验的基本操作，如加样：即向每个反应单位(微板中的每一个孔)中加入各种不同成分、不同浓度、不同容积的溶液；稀释：实际上就是加入一定容积的样品或试剂溶液后，再加入一定的溶质；转移：主要是完成某一试剂或样品的位置变化；混合：将加入的不同溶液进行混合，混合的方式有震荡，也可以用加样器反复吹吸混合；洗板：用适当的溶液清洗试验用的微板，或洗除不需要的反应液；温孵：让反应体系在一定的温度条件下保持一定的时间，使之完成反应过程，自动化工作站可以严格控制温孵的温度和时间；检测：试验室自动化工作站一般都可以与某一种或多种检测仪器连接，在试验操作完成后，可以自动进行必要的检测并自动采集、储存数据，完成整个试验过程。

(3)大规模蛋白质一蛋白质相互作用研究是蛋白质组研究的重要内容。其中酵母双杂交技术平台和亲和纯化技术平台易于大规模、高通量和自动化，已经被广泛用于基因功能、蛋白质连锁图和寻找药物靶点的研究。大规模、高通量的酵母双杂交技术平台的核心仪器设备包括自动化的移液操作和酵母菌液涂板技术平台、高通量的菌落计数和挑取机器工作站、自动化的PCR反应和测序工作站。一套技术平台平均每天可以完成10～20个蛋白质相互作用的筛选和鉴定工作。自动化移液操作和酵母菌液涂板技术平台平均每天可以处理150 mm的平板500～1 000个。高通量的菌落计数和挑取机器工作站每天可以挑取菌落5 000个。自动化的PCR反应和测序工作站可以每天测序反应5 000个。大规模、高通量的亲和纯化技术平台的核心仪器设备包括大规模的生物反应器、旋转培养箱、高通量的蛋白质纯化技术平台、多维色谱分离与MALDI-MS /ESI-MS技术平台。整套技术平台每天可以鉴定10～20个蛋白质复合体。

(4)蛋白质组生物信息学支撑技术不断发展。蛋白质组研究的另一大特征是研究对象的众多与产生数据的“海量”。在已经成功的人类基因组计划中，也产生了海量数据。蛋白质作为基因的最基础单位，采用“大科学”模式来诠释和转化这些数据具有很重要的意义。生物体内涉及的蛋白质种类数以百万计，且含量大小横跨10多个数量级。因此，为了保证其研究结论的准确性、重复性，必须建立符合科学条件的生物信息支撑体系。

生物信息学通过超级计算机、蛋白质信息学软件、工具、数据库及平台对蛋白质科学与技术研究实现全流程数据管理、分析、发布、交换、支持，实现不同层面、目的、来源的实验或分析数据的网络型知识库；实现为以数据为驱动的理论蛋白质科学研究信息平台和国家级蛋白质科学研究网络(虚拟国家实验室)，已经使生物信息学成为实现成员实验室数据资源、分析资源与计算资源的系统整合和无缝共享的重要技术支撑。

(5)未来蛋白质组研究的技术与仪器将向着高分辨率、高准确度、高通量、自动化的方向发展。将高分辨率的分离技术与高灵敏度、高准确度的鉴定技术及更加友好、方便的计算机及软件整合的一体化技术平台将对蛋白质组研究的发展起到推动作用。另外，蛋白质组研究科学家们也期待着新技术、新方法的突破以及新仪器的问世。

3. 代谢组学技术与仪器

代谢组学是通过考察生物体受到刺激或扰动后其代谢产物的变化来研究生物体系代谢途径的一种技术。这项技术要求能对限定条件下特定生物样本中的所有代谢组分进行定性和定量分析。在代谢组学的分析方法的选择上，需要在分析速度、无偏性和灵敏度上进行综合考虑。在各种技术中，核磁共振技术具备快速和无偏向性的特点，但与其他技术相比灵敏度则太低；其他方法(如CE/LIF)有着很高的检测灵敏度，但为选择性检测。而色谱质谱联用方法(GC/MS 和 LC/MS)能够很好地兼顾灵敏度和无偏性。

在近两年的代谢组学分析方法的研究集中于无偏性、灵敏度和通量三个方面性能的提高。如使用全二维气相色谱技术和二维液相色谱技术与质谱联用以提高分析方法的分辨率;使用傅立叶变换离子回旋共振质谱提高检测的灵敏度和提供精确的分子量信息,使得代谢物的定性更准确,同时提高分析的通量;使用整体柱提高分析的通量;使用超高效液相色谱提高分析的灵敏度和通量;使用亲水反应色谱柱来扩展检测范围,即应对无偏性的需求。

可用于代谢组学研究的新产品有:Waters UPLC-Q-TOF、Shimadzu IT-TOF、Agilent 1200、Leco GC×GC－TOF、LC-SPE-NMR。

代谢组学技术分析方法将继续关注分析方法的无偏性、灵敏度和通量三个方面,以满足代谢组学对分析方法的要求。多维色谱及联用技术仍将是这一领域的主要趋势。

4. 深致冷仪器设备

低温达－196～－86 ℃的深冷仪器设备,包括深冷储存(超低温冰箱)、冷冻干燥、冷阱等仪器设备是各种活性物(样品、组织、细胞、微生物、疫苗、酶、病毒等)以及活性试剂保存的必备设备,广泛应用于生物学、生物工程、生理生化、制药、食品、农业、医疗卫生、航天等领域。国外采用双级复式专用压缩机制冷系统和液氮制冷系统,这些技术一直被美国和日本几家公司垄断,所以我国深冷设备完全依赖进口中科院低温中心,理化所等经近几年攻关,已经成功攻克"新型深冷混合工质节流制冷技术"。其核心技术是改变工质实现整个深冷温区的高效制冷,具有我国自主知识产权。荣获"2006 年度国家技术发明二等奖,"以该核心技术为基础已生产出"高性能冷冻干燥机(仪)"、"高性能真空冷阱/捕集器"(色谱仪中新的装置)以及生命科学必备的活性物质深冷保存设备,后者已由中科美菱集团推出系列化产品,其中－180 ℃的设备可替代液氮致冷系统。该核心技术将使我国摆脱以往 97%以上深致冷仪器设备依赖进口的局面。

(十)环境监测仪器

1. 国外的技术发展和趋势

(1)日美等发达国家在环境监测分析仪器的开发、研制以及技术研究和发展方面处于世界领先地位。通用的大中型分析仪器对安装应用的环境要求较高,因此,多用于实验室的环境监测科研,以及难度较大而且技术性较强的监测分析。环境试样基质复杂,故多采用一系列样品前处理新技术。

开放式 UV、IR 和 TOFMS 是空气有机污染物实时监测的新领域。此外,FTIR 探测器对于突发性有机毒品泄漏、化学品恐怖的预警都已成为发达国家的首选。

如奥博生物公司的生物芯片技术,在欧洲和北美已用于排水的监控,以 PCR、ELISA 和 SPR 为机理的生物芯片检测技术发展十分迅速,且在美国已把 ELISA 技术作为 EPA 标准。

(2)近年来,国外致力于发展基于激光光源的、监测灵敏度更高的、长光程吸收光谱仪,但目前尚处于试验阶段。在大气污染探测激光雷达方面,近年来倾向于发展探测灵敏度很高的差分吸收激光雷达,用于城市大气环境和城市污染源的高时空分辨率探测。德国、美国、意大利和瑞典等国已分别研制成功车载式差分吸收激光雷达样机,并正在进行实用性试验。考虑到差分吸收激光雷达的技术复杂、造价昂贵、可靠性尚待提高、对操作和维护人员的技术素质要求太高,估计近期内推广使用有困难。因此世界各国也在发展拉曼激光雷达技术。拉曼激光雷达虽然探测灵敏度较差,但其结构简单、造价较低、性能可靠,使用维护方便,使之很适合用于对城市大气污染源的流动监测,正好弥补了常规光学监测手段对污染源监测能力的不足。

2. 我国环境监测与探测仪器的状况

我国环境监测仪器多是出自于中小企业的中低档产品,技术水平低,产品种类单一,故障率高,使用寿命短。从而致使监测频次低、采样误差大、监测数据不准确,不能及时反映排污状况,既影响环境管理的科学决策和执法的严肃性,又易挫伤企业治理污染、保护环境的积极性。国内最新研发的原位热湿采样法实现了烟尘在线自动监测和烟尘总量控制的要求。但还有多种污染排放在线监测系统对高温、高湿、高颗粒物含量等带来的测量问题还没有很好地解决。排水、排气污染项目自动监测的手工比对、数据质量的提高以及PM10、PM2.5的监测仪器开发和不同原理仪器监测数据的准确性把握,在我国都存在较大差距。

四、我国科学仪器发展的有关问题和政策方面的建议

(一)我国科学仪器发展中存在的问题

1. 仍处于与我国科技、经济和社会发展不相称的幼稚期

科学仪器技术和产业属于高科技领域和高技术产业,具有投资风险较高,尤其是进入产业化"门槛"之前,风险高而且投资回报较慢,市场总容量相对有限。但是对整个科技发展、社会进步、工农业生产和国防力量增长的拖动力又很大。我国科学仪器企业规模小,技术创新能力弱,同类产品多家生产,产品大同小异,技术趋同,低价竞争,品种有限,高端甚少,总体上我国科学仪器技术与产业处于与我国科技、经济、社会发展不相称的幼稚期。

2. 研发与产业化结合链上仍存在一定问题

承担国家任务的科研机构、高校和一些重要领域与部门所应用的科研设备和测试仪器长期过度依靠进口,自行研制仪器意识薄弱,过去为企业提供原创性成果甚少,虽提供了一些技术集成性的原理型样机,因与企业结合的链条上存在一定的问题,实现产业化的成功率低、周期长。

3. 存在着跨国科学仪器公司对我国科学仪器的挤压

跨国科学仪器公司对我国科学仪器优秀人才实施有力的吸纳举措,同时又以先进的产品对我国科学仪器市场的抢占,对中国科学仪器企业的挤压是很明显的。

(二)扭转颓势振兴科学仪器产业的几点建议

中国科学仪器市场处于高增长、动态多变、剧烈竞争的时期。今后15~20年是我国

在科学仪器研发上尽快扭转颓势的重大机遇期，也是历史给中国科学仪器研发和产业振兴的黄金时期。要使处于弱势的中国企业赢得胜利，迫切需要政府加强领导，加强宏观调控和政策引导，特此建议：

（1）研究建立完善我国科学仪器工业创新体系，组织制订振兴科学仪器工业发展的中长期规划，组织几个重大工程性项目，确保实现《规划纲要》提出的任务和目标。

（2）要努力改变世界科学仪器的市场格局，切实解决对外依存度过高的问题。要使自主创新成为科学仪器产业技术的主导，降低对外技术依存度，需要解决两个问题：原始技术创新的科技力量布局问题和国家给企业创造市场的问题。对国家重点投资建设项目的仪器设备采购，一方面，在引进进口仪器时，用户方与国内科学仪器制造方应紧密配合，全面消化吸收国外先进技术，从而达到最大限度发挥进口仪器作用的目的；另一方面，实施“准政府采购”（项目订购或首购），在被挤压的市场中给我国企业一个稳定的市场份额，给企业提供自主创新仪器和工业化试验的机会和舞台，以增强企业自主创新的激情和动力。

（3）切实贯彻国务院《关于加快振兴装备制造业的若干意见》指示精神，认真落实国家对企业自主创新、研发投入的优惠政策和进口仪器关键部件的税收优惠政策。

（4）加速科学仪器科学与技术创新体系建设，实现企业为主导。全面研究和支持企业实现自主创新主体地位的金融、科技计划等方面政策，特别是对解决产、学、研、用技术创新体系建设和科学仪器人才缺乏、失衡的问题的研究。并制订和实施具体的应对措施。

我国目前正处在“自主创新”时代，科学仪器技术和产业正在快速发展，一些具有现代企业特征的新兴企业成长迅速，科学仪器开始从“制造”走向“创造”之路。但总体而言，我国科学仪器产业还处于初始阶段，我们应该冷静、清醒地看到并承认差距和困难，也深知今后10～15年是我国仪器工业追赶世界先进水平的关键时期。但只要坚持以科学发展观统领全局，转变发展观念、创新发展模式、提高发展质量，我们的目标一定可以实现。

参考文献

[1] 中国科学院. 2006科学发展报告. 北京：科学出版社，2006.

[2] 现代科学仪器. 2006，(4)、(5).

[3] 光电子技术世界. 2006，3.

[4] 科学技术部. 科学仪器“十一五”发展规划(综合). 2005.

[5] 方肇伦. 微流控分析芯片的制造及应用. 北京：化学工业出版社，2005.

[6] 何鹏. 生物芯片领域相关技术进展以及今后发展方向. 博奥公司报告，2006，10.

[7] 李科杰，等. 现代传感技术. 北京：电子工业出版社，2005.

撰稿人：阎成德　蒋士强　江炜

医疗仪器*

一、引言

当代全球社会发展的共同目标是发展经济、保证安全、提高人民生活质量，创建和谐社会是人类社会的必然要求。毋庸置疑，以人为本、以民为本、保障人民健康，乃是提高生活质量和建立和谐社会的根本。生物医药科技和产业可能成为21世纪世界新技术革命的制高点和新的经济增长点。随着我国经济的持续发展，人们对健康的需求会越来越超过对物质的需求。因此，在我们这样的人口大国，医疗仪器科技和产业发展，必然成为社会进步的一个重要支柱。

"医疗仪器"涵盖的内容相当宽泛，广义的名词可称为"医疗器械"，它对应国际上通用的英文名称为"Medical Device"，国际标准化组织(ISO)已经予以定义。我国香港地区仍沿用译名为"医疗仪器"，另，我国台湾地区则沿用"医疗器材"。医疗仪器是医学和现代高科技结合的产物，它的发展水平与产业规模，已成为各国科技水平和综合实力的一个标志。

医疗器械用以预防、筛选、诊断、治疗或缓解疾病。国务院食品药品监督部门负责对医疗器械进行严格的监督管理。监管条例规定所称"医疗器械"，是指单独或者组合使用于人体的仪器、设备、器具、材料或者其他物品，包括所需要的软件。为了保障人体健康和生命安全，医疗器械首先必须安全、有效，同时具有一定的性能、可靠性、适用性。信息、新材料、纳米、微光机电系统等技术的融合，催化下一代革命性新产品的诞生。医疗器械科技和产业的发展，归根结底取决于人民健康卫生事业的状况、模式和需求。医疗器械应用的日益普及，逐步进入城乡社区的千家万户，满足个性化的需求是大势所趋。它将成为保证"人人享有基本卫生保健服务"、建设和谐社会的不可缺少的有力工具。

(一)医疗器械的社会与市场需求

现代学科进展的主要推动力来自社会需求，近期需求可以从市场规模的变动加以考察。全球医疗器械市场规模逐年扩大，比GDP增速更快。世界卫生组织预计：2006年世界医疗器械及其相关技术的市场总额约2 600亿美元。市场上获准入市的产品超过9万种。近年来，美国占世界市场总额的38%左右，年均增长率约9%；欧洲占28%

* 衷心感谢为本研究项目编写分科学术进展报告的专家教授：丛玉隆、顾瑛、王成彬(中国人民解放军总医院)、邱学军(中国科学院北京大恒医疗设备公司)、张送根、沈建雷(北京天惠华数字技术公司)。同时，感谢提供报告素材的专家教授：白净(清华大学)、唐东生(医讯中心)、阎相国(西安交通大学)、田学隆(重庆大学)、叶慧("中国医疗器械信息"杂志编辑部主任)、赵一珍("世界医疗器械"杂志编辑部主任)、何鹏、乔立安、畅志强(生物芯片北京国家工程研究中心)。

以上，日本占12%以上，世界其他地区占15%左右。美国的医疗器械技术，特别在癌症、心血管病、眼科、整形外科的器械、大型医疗影像设备以及数字健康信息技术等领域，走在世界同行的前面，全行业每年申请的专利达9 000多件。由于各国经济、文化、环境、气候情况的差异，百姓的疾病谱和缓急次序差别很大，对于医疗器械需求也不尽相同。

2005年中国医疗器械市场总销售额已达700多亿元，近年来年均年增长率15%左右。今后城市将大力加强社区卫生服务，农村将普遍实行新型农村合作医疗制度，到2010年将覆盖约7亿人，今后城乡社区对医疗器械的需求将明显增长。

（二）医疗仪器学科范围

"医疗仪器学科"与"生物医学工程学科"、"医学物理学科"互相交叉渗透。"医疗仪器技术"已经融入现代"生物技术"(Biotechnology)，成为一个重要分支。为了突出重点，本报告涉及的"医疗仪器"学科范围，不包括我国"医疗器械分类"中的各类手术器械、医用材料、防护装置、医院通用设备器具、应用软件等，而就近两年科技和产业进步显著的医疗仪器，按下述分类加以讨论：①医用X射线与磁共振影像设备；②医用超声仪器；③医用电子仪器；④临床检验分析仪器(体外诊断仪器)；⑤医用光学仪器；⑥医用激光仪器；⑦物理治疗设备；⑧微创介入诊治系统；⑨生物芯片与仪器；⑩中西医结合仪器；⑪新型医疗仪器。

二、我国医疗仪器科技与产业概况

（一）教学与科研机构

目前全国有80多所高等院校设置医疗仪器类相关专业，其中50多个理工院校和20多个医学院校开设生物医学工程专业。医疗仪器专业人才的来源，来自医疗仪器工程、生物医学工程、医学电子学、生物材料与组织工程等专业毕业生。有些大学开展医疗仪器方面的跨学科研究，招收研究生。

国家科技部门已在广州、成都、北京、沈阳、深圳先后建立了5个国家级医疗器械领域的工程技术研究中心(医疗保健器具、生物医学材料、医用加速器、数字化医学影像设备、医用诊断仪器)。一些高等院校、科研院所先后进入医疗仪器研究开发领域，已有科研机构60多个。省市一级也建立了许多与医疗仪器学科有关的研究和产业基地。

（二）企业

我国有关医疗器械企业超过10 000家，其中专营企业3 000多家。国有制占20%，民有制占60%，中外合资占20%。在地域结构上，珠江三角洲、长江三角洲及环渤海湾三大区域依靠本地区工业技术、科学技术人才、临床医学基础以及政策优势，已经形成医疗器械产业的三大产业集聚区，涌现一批实力雄厚的民营企业。还有分布在沈阳、济南、重庆等地的大型企业，以及500多家中外合资合作医疗器械企业。国内许多企业开始拥有自主创新知识产权的研究开发部门，与教学研究单位的学科发展起到了互动促进作用，但还有待加强。医疗器械企业的研究开发实力已经初步显现。

三、我国医疗仪器科技新成就与新产品

2006年1月，科技部、卫生部、教育部组织实施的“十五”国家科技攻关计划项目“医疗器械关键技术研究及重大产品开发”通过验收。从总体水平上，所获得的原始创新、二次创新及集成创新技术成果对于开发自主知识产权产品，促进我国医疗器械产业跨越发展，提高我国医疗卫生装备水平，扭转医疗设备依赖进口的局面具有现实意义。下列国产产品的出现，迫使国外厂商大幅度降低同类产品价格，产生了显著社会效益及经济效益：

（1）深圳安科公司的数字化彩色超声成像系统研制出达到国际先进水平的线阵探头和可谐波成像的相控阵探头。

（2）东软公司的多层螺旋CT项目完成了多层重建算法、心脏功能分析及板载高压发生器等关键技术及核心部件研究，开发了国内领先并达到国际先进水平的两层和八层螺旋CT产品。

（3）北京航天中兴医疗公司的LDRD-P普及型低剂量直接数字化X射线机，在技术引进、消化、吸收后实现再创新，研制出自主知识产权、进入国际先进水平的线阵探测器，生产出适合我国国情的低剂量数字化X光机，并开始出口。

（4）北京海利赢医疗科技有限公司发明了低生理负荷的睡眠监测系统，适于大众化、简易化和低负荷的睡眠检查技术产品。

（5）广东省人民医院、深圳先健公司的先天性心脏病介入治疗器械的研制项目，开发了动脉导管未闭、房间隔缺损、室间隔缺损的封堵器，产业化程度高。

下面扼要介绍各类医疗仪器的发展概况，最近两年我国医疗仪器学科新成就和新产品以及国外的新动向，从中可以了解国内外的差距。

（一）医用X射线与磁共振影像设备

医学影像系统，包括医学成像系统和医学影像处理与分析系统两大部分。医学影像可分为解剖学影像（如X线机、CT、MRI磁共振、US超声、内窥镜等图像）和功能学影像（如SPECT、PET、fMRI等图像）两大类。影像医学正从单纯形态学诊断走向与临床治疗相结合的发展阶段。

1. 放射影像设备

（1）X线机。20世纪90年代以后进入IGBT（绝缘栅双极晶体管）和大功率CMOS数字化X线摄影（DR）时代，目前DR系统具有动态图像采集能力的平板探测器系统。新型X线交互介质材料和新型探测器正在探索之中。

北京航天中兴医疗公司生产出适合国情的普及型低剂量直接数字化X射线机。具有自主知识产权的线阵探测器，提高了低对比度条件下的空间分辨能力。对光子信号直接采集，将X线图像信号转换成数字化影像，降低了本底噪声。低辐射剂量仅为欧共体

CEC X线检查辐射防护标准的1/10。适于农村卫生院和城市社区医院使用。

目前基于光导半导体阵列的非晶硒平板探测器的直接转换技术已经成熟。它克服了光散射效应,提高空间分辨率,开始临床应用。珠海友通公司开发的基于平板探测器的动态DR系统具有自主知识产权,又是全球第一种投入临床使用的机型。该公司的DR产品,已进入国际市场。

(2)CT成像设备 CT发明以来,由颅脑到全身扫描,扫描结构进化为滑环式螺旋型连续扫描,可在短时间内实现无间断的容积扫描。1998年问世的4排螺旋CT扫描机,引领了容积CT(VCT)时代。2005年沈阳东软公司的产品,采用稀土陶瓷探测器,双排对称排列,提供亚秒、亚毫米扫描及亚秒重建,具有三维图像处理及血管造影功能。

国外最高级的64排螺旋CT具有覆盖范围大、扫描时间短、分辨率高、造影剂用量少,伪影小的优点。2005年底出现的双源CT(DSCT),装备两套球管和探测器系统,扫描时间比每次心跳更快,可以观察脏器(心、肺、结肠)的运动状态,适于急症诊疗,从观察组织成像引向组织定性的新境界。

(3)磁共振成像(MRI)。出现于20世纪80年代初期,已广泛应用于全身各系统,对颅脑和脊柱、心血管、腹部、盆腔和肌肉骨关节等效果最好。

近年来,国外以高场强MRI设备(1.5 T或更高)的开发,提高梯度场和加快切换率,应用新一代相控阵线圈以及EPI(回波平面)超快速成像序列,扫描时间可缩短至毫秒级。心脏灌注成像已逐步用于临床。同时,脑的弥散、灌注成像以及生体MR波(频)谱(MRS)可用于生理、代谢分析技术,在国内也初步用于临床。国外采用并行成像技术与高速重建算法的32通道、1.5/3 T磁共振系统已经问世。有的产品配备了全新诊察规划、图像获取和工作流程管理工具,提高了诊断的准确性和效率。

深圳安科公司具有长年的MRI研发和生产经验,与美国合资合作,于2004年底推出了磁共振成像系统OpenMark4000。采用符合国际潮流的C型开放式永磁体设计,磁场强度0.38 T,扫描最薄层厚0.1 mm,图像质量可与高磁场MRI媲美。新奥博公司自主开发0.45 T永磁MRI系统已经产品化,并研制MRI图像导航介入治疗系统,在永磁MRI磁体、梯度等核心技术方面走上世界科技前沿。2006年3月,北京泰杰磁电研究所研制的"0.5T永磁MRI磁体技术"通过鉴定;在不增加磁体体积的情况下,提高磁场强度,开发了先进工艺,跻身国际前列,为降低MRI造价、提高自给率奠定了坚实的基础。当前我国已成为国际上低场永磁开放式MRI系统的最大生产国和出口国。

2.核医学影像设备

将放射性核素与CT成像技术结合起来的发射性计算机体层摄影(ECT),从20世纪80年代以来逐步应用于疾病的功能学诊断,构成现代医学影像系统及其学科的重要组成部分。ECT分为两大类:

(1)单光子(Single Photon)发射型计算机体层摄影(SPECT),应用扫描机或闪烁照相机探测光子的原理,属单光子计数型。

(2)正电子(Positron)发射型计算机体层摄影(PECT或PET),专用作正电子衰变核素显像。

ECT 进一步提高了图像的对比。PET 能探测 ^{11}C、^{13}N、^{15}O 等标记的生理性物质，无创地研究生理和病理状态下脏器的血流、功能及代谢。以 PET 检测研究脑的生理功能变化，病理状态下脑的代谢改变等，为其他影像技术所不及。使用 SPECT 可以提高心肌显像质量；因为三维成像更容易显示普通 γ 照相难以检出的病变。PET 可以检测心肌的泵功能、血流和代谢，用以评价心肌活力是当前临床上最有效的影像技术。PET－CT 一体机是最新发展的重要设备，具有 PET 和 CT 双重特性及效果，应用面将逐步扩大，但上述设备价格十分昂贵。这类大型设备的研制是我们的努力方向。

3. 医学影像后处理与分析系统

包括图像增强、分割、配准或融合、三维重建、虚拟现实与可视化显示以及影像引导定位与治疗应用等。具体实例包括：胸片辅助诊断分析(CAD)、PET－CT 融合分析、血管重建分析、CT 模拟(放疗)定位、脑导航手术系统、虚拟人重建分析，等等。我国已有许多单位研发了此类系统。

未来医学影像系统技术将由大体形态学为主的阶段向生理、功能、代谢和/或基因成像过渡；对比增强由一般性向组织和/或疾病特异性方向发展；图像分析由“定性”向“定量”发展；诊断模式由胶片判读向数字采像/电子传输和网络化发展；介入治疗向实时、立体和少/无射线引导，进而与内镜、微创治疗/外科相融合的方向发展。同时，对疾病及发生机理的认识，将从器官、细胞向分子、基因水平深入，从个体到群体的卫生保健、疾病防治将具有新的含义。这些将改变医学影像实践和服务方式，使医学影像系统在未来的医疗服务体系中占有更大的比率和更重要的地位。

(二)医用超声仪器

20 世纪 80 年代以来，超声影像技术发展迅速，B 型或双维超声属辉度调制型，为现代超声诊断学的主流。当前超声成像技术主要应用于腹部(含后腹膜腔)和妇产科领域。应用血细胞对超声波所产生的多普勒效应而开发的多普勒血流成像技术，能观察测量心脏大血管内的血流信息。同时超声体层成像和多普勒技术的结合——体层多普勒成像或彩色多普勒，可在心脏大血管的体层图像上实时显示血流动态。介入超声和超声治疗也有新的进展，如在超声引导或监护下进行介入治疗，应用高强度聚焦超声(HIFU)以超声波的高温和空化效应，可使肿瘤细胞凝固坏死，达到治疗癌瘤的目的。当前，HIFU 技术及相关设备发展迅速，我国研制的 HIFU 治疗仪已应用于治疗骨瘤、乳癌和肝癌等，具有一定的发展前景。

医用超声诊断仪器分为：A 型，主要用于眼科测厚诊断等；B 型，其工作方式包括 B 型扫描、M 型扫描和彩色多普勒血流模式等。B 超诊断系统主要是通过超声回波形成的二维灰阶图像，对人体的各脏器和组织进行断层影像诊断。80 年代出现的彩色血流显像(CFI)是利用运动物体超声回波的多普勒频移特性调制图像的亮度，并用颜色区分物体的运动方向，用以取得血流运动信息，具备这种功能的 B 超称为彩超。它大大拓宽了超声影像诊断的范围和功能。此外，还有多普勒胎心仪和颈颅多普勒诊断仪等也属 B 型扫描仪器。

高性能探头与宽频带技术的诞生，使频域复合成像、谐波成像和其他一些非线性成像成为可能。北京艾森柯医疗技术有限公司的高性能超声探头灵敏度达到－60dB，换能器频带宽度达到70%，达到同类产品的先进水平；首次在国内开发出了宽频带、高灵敏度和低误差的高性能线阵探头，实现批量生产，在性能质量和市场价格等方面具有国际竞争力；为中国发展完全自主的高性能B超系统提供了重要的基础。

谐波成像是目前临床广泛采用的成像技术。有的超声诊断设备中，在成像中除了利用基波成分外，还利用了多种谐波成分。实现谐波成像的前提条件就是要求使用宽频带技术。2004年清华大学工业开发研究院所属北京天惠华数字技术 公司推出TH系列全数字高档黑白B超诊断系统，已实现宽频带变频扫描技术。它应用高延时精度数字波束形成器，实现了实时动态孔径、变迹与滤波，使图像远近场均匀；通过抑制旁瓣，压低噪声，使超声图像更加真实、清晰。具有强大的图像后处理功能：图像冻结前的64～256帧图像自动存储，连续回放，也可逐帧查看；摇镜变焦技术，实现组织细节实时同屏显示。系列设计合理，操作简便，背光面板的设计适应各种诊断环境，整机造型设计充分考虑医生工作节奏快、长时间操作提供了舒适的空间。

2006年9月，国内首台具有自主知识产权的迈瑞DC－6型全数字彩色多普勒超声诊断仪上市。该仪器采用发射频谱精确控制、加权发射、多倍信号并行处理、相位增强谐波、特异性组织成像及特异性伪差去除技术等，实现了二维彩色图像显示，具备人性化操作和临床解决方案所需的优良特性。清华大学研究数字化彩色超声心肌成像技术，提出了一种新的成像方法，以CVIB为成像因子，构造与超声图像融合的二维CVIB图像用于心肌缺血部位的判定，已获得3项专利。同时，我国在建立超声弹性成像方法方面也取得了突破性的进展。限制国产B超技术发展的主要瓶颈还是探头技术以及与之配合的多通道高性能数字化波束形成器技术。

(三)医用电子仪器

监护仪器是监测病人生理参数的主要装备，要求监护参数的全面性、准确性，实时性、信息共享。监护对象从重症患者扩大到普通患者与亚健康人群。经过十几年的努力，从单参数、单台、有线发展为多参数(如呼吸、体温、血压、心电、血氧)、网络、无线联网监护，监护产品已超过200种，国产监护仪器取得了长足的发展。

深圳迈瑞公司年产监护仪已占国内市场一半份额。以其主流产品BeneView系列监护仪为例，它包含多项自有关键技术：无线测量遥测，抗运动及抗弱灌注的血氧饱和度分析，全息心电信号分析，二氧化碳技术，红外光谱吸收等技术。

BeneView T8信息监护仪获得了德国汉诺威工业设计论坛的“2006 iF中国设计大奖”。迈瑞的PM－7000便携式多参数监护仪是高端产品，它同时具备多达10种监测参数、8通道显示，能满足临床所需的波形和数据。世界一流的数字血氧技术保证在运动和弱灌注情况下血氧监测的精确性。国际标准的声光三级报警，对危重病人的监护更加安全。2006年1月迈瑞推出新一代中心监护系统，实现智能化双向病人管理。最多可监测64张床位。可存储72小时的全息波形，提供2万个历史病人数据。自由组网兼容有线、无线、遥测联网方式，提高监护质量，降低医疗成本。

北京海利赢公司监护产品分为无线遥测、远程无线、HOLTER、睡眠监护等四大系列。具有优良的无线性能、强大的参数分析平台、无缝网格化无线网络等特点。适用于各类病房、扩展到野外急救、社区家庭监护。全数字无线心电通道遥测器对患者的心电、呼吸、血压、血氧等体征参数进行即时监测和分析，获得国内医疗单位的好评。我国军用和专用远程监护系统的研发也已取得可喜成绩。南方医科大学的单兵生命状态远程监视及定位系统能够集成体温、心律和 GPS 定位信息进行无线传送。上海大学研制的无线监护系统由穿戴式传感器、生理参数模块和数字医疗助理组成，适于社区老人和慢性病人使用。

2005 年，深圳邦健电子有限公司推出的 ECG—1 200 12 道数字式心电图机采用数字信号处理波形特征与小波变换检测的方法，比同类产品具有更高的检测精度。自动分析采用逻辑判断和模式识别技术，可以自动识别的病例达 170 多种。西安交通大学研制的 KF—2000 型动态心电图监测与分析系统，已经进入成熟应用阶段。系统是以高性能数字信号处理器为基础，由心电记录器和分析工作站两部分组成。记录器采用双 CPU 实现多导高频高精度心电数据采集、记录和高效压缩。分析软件完成心律失常分析、ST 段分析、心率变异分析、高频心电分析和起搏器功能评价等。它可以对病人的 24/48 小时、3 导或 12 导心电图进行连续记录和分析，适用于心血管疾病的早期诊断、复杂心血管疾病的诊断、心率变异分析、高频心电分析和起搏器功能评价等。

(四)临床检验分析仪器(体外诊断仪器)

2006 年深圳迈瑞公司推出国内第一台 BC—5500 型 5 分类血液细胞分析仪。它采用特殊的化学试剂对细胞进行处理，使 5 类白细胞在体积和内部结构上产生更加明显的差异。经激光照射产生散射光，收集前向和侧向散射光分别获得细胞体积和细胞内部结构信息。其独特的二次加速结构的流式细胞技术，使层流状态更加稳定，待测的样本液被加速后的鞘流更紧密地包裹，以小至 30 μm 的直径携带白细胞单个、直线排列通过光学检测区域，提高了激光束照射到细胞上的精度和分辨率，确保白细胞的准确分类。采用优质陶瓷材料制成的旋转分血阀，提高了仪器的分析速度。该仪器可提供 27～40 项测量和研究参数，每小时可处理 80 个样本的速度。打破了国外仪器的垄断。2003 年 7 月迈瑞公司推出了中国第一台自主知识产权的全自动生化分析仪，该仪器采用分光光度原理和透射比浊原理，集合了自动加样、自动混匀、反应盘温控、光电测量、试剂制冷、反应杯更换等系统，实现了检验过程的全自动化。测试速度可达每小时 300 个测试，在中低端市场构成了一定的竞争能力。上海迅达医疗仪器有限公司自主研发的 S8 急诊生化分析仪，是现今国内市场上唯一的国产化 8 通道急诊生化分析仪。该仪器已通过了上海市“高新技术成果转化项目”以及国家权威机构的认定。

临床检验仪器今后的改进方向是检验样本微型化、提高检验速度、使分析仪器及其配套的试剂和校准品构成了一个完整的检测系统。人们对了解与健康、亚健康、疾病状态相关的信息量需求越来越多，而这些信息量的获取在很大程度上依赖于临床实验室。临床检验仪器的发展呈现两极分化的趋势。其一是临床实验室检验仪器的中心化，实现全实验室自动化；其二是临床实验室检验仪器的简便化。随着社会的快速发展导致生活节奏的加快，相关医学健康知识的普及，使临床检验仪器不断向小型化、床边检验、即时检验、患者自己操作的方向发展。

(五)医用光学仪器

2004 年 3 月,重庆金山科技集团 OMOM 胶囊内镜被批准临床应用,属国内首家、世界第二。该镜是微机电系统(MEMS)产品。患者像服药一样喝水将智能胶囊吞下后,它即随着胃肠肌肉的运动节律沿着消化道的方向运行,同时对经过的腔段连续摄像,并以数字信号传输图像,给病人体外携带的图像记录仪进行存储记录。连续工作时间达6~8 h,在智能胶囊吞服 8~72 h 后随粪便排出体外。医生通过影像工作站分析图像记录仪所记录的图像,了解病人整个消化道的情况,从而对病情作出诊断,在消化系统疾病的诊治中十分有效。产品的关键技术,包括低功耗图像处理系统设计、近距宽景非球面镜头设计、双工多通道无线传输设计等。OMOM 胶囊内镜的主要创新点:一是胶囊与图像记录仪通过无线双工多通道的方式进行无线通信,具有接收和控制功能;二是实现了实时真彩色图像监测,便于医生在监视过程中完成对智能胶囊工作状态的控制。

(六)医用激光仪器

目前可以采用激光治疗的病种已达数百种。2003 年以来,一种间歇振荡双波长全固态激光器、发射波长为 593 nm(或 594 nm、598 nm)的激光治疗机获发明专利;大功率半导体激光综合治疗仪获实用新型专利。美国 90 年代初研制出新型钬激光治疗机,中国科学院安徽光机所也已研制成功,具有完全自主知识产权,并在淮南科瑞达激光设备有限公司实现产业化,是具有世界先进水平的医用治疗机。激光美容中常用的双波长 Nd:YAG 脉冲激光机采用倍频技术,可选择输出 532 nm 或 1 064 nm 波长的激光,单脉冲输出可达 800 mJ/350 mJ,用于治疗血管性病变和色素性病变,其性能与进口产品相当,价格仅为进口产品的1/4。深圳研制成功的大功率可见光半导体激光治疗仪,波长 630 nm,基本能满足光动力疗法治疗肿瘤的需要。国内研发出了一种半导体泵浦的 532 nm 倍频 YAG 激光治疗机,采用半导体激光作为泵浦源,极大地提高了能量转换效率,具有节电、节水、噪声低、体积小、操作简单、可靠性高等特点,可以替代光动力疗法治疗鲜红斑痣使用的铜蒸气激光机和灯泵 532 nm 倍频 YAG 激光治疗机。

准分子激光人眼像差矫正系统是用于矫正屈光不正和像差的眼科治疗机。2004 年 6 月,苏州六六视觉科技股份有限公司联合美国新英格兰视觉光学院贺极苍教授以及南京航空航天大学、上海复旦大学附属眼耳鼻喉医院等单位,历时 5 年,联合开发出世界上第一台 WFA-1000 主观式人眼像差仪、AOV-FOB 准分子激光眼科治疗机,并且成功地联网应用,将测量像差数据直接用于准分子激光的个性化切削,实现了真正意义上的人眼像差个性化切削矫正。主要创新点包括发展了屈光矫正和像差测量理论,突破瞳孔边界提取与跟踪、角膜粗糙度控制、主动眼球跟踪等关键技术。此项目由"十五"国家发改委产业化项目资助,跟踪实施的 4 万例手术,98%以上患者术后 3 个月的裸眼视力达 0.5 以上。总体技术水平和性能达到国际先进水平,曾获得中国仪器仪表学会颁发的科学技术奖、2005 年度国家科学技术进步奖二等奖。2006 年冬在美国眼科年会上展示,获得高度评价。

(七)物理治疗设备

据 2002 年世界卫生组织报告:目前衡量肿瘤治疗状况的"5 年生存率"已达 45%,其中外科手术占 22%、放射治疗占 18%、化学药物治疗占 5%。近年来,放射治疗仍是治疗恶性肿瘤的主要手段之一。当前肿瘤放射治疗已从传统的二维(平面)常规放疗发展到面向规则形状小尺寸肿瘤的三维(立体)定向放射外科治疗(SRS,即 X—刀/γ—刀)以及(针对较大的复杂形状肿瘤的外部物理投影形状适形的)三维适形放射治疗(3D CRT)和影像引导下的调强适形放疗(IMRT),向精确放射治疗转变。目前精确放疗系统主要由医用直线加速器(或钴 60 机),以及三维(立体定向)放射治疗计划系统(含影像引导定位、治疗计划设计与评估、照射束实施控制)和剂量验证系统等组成,并由此共同组成精确 X(γ)—刀系统、3D CRT 和 IMRT 系统。以治疗计划为核心,开展精确 IMRT,是目前肿瘤放疗技术的前瞻性主流技术。

近两年来,国际放射物理界正在热烈探讨和开展在医用直线加速器情形下蒙特卡罗光子模拟剂量计算方法,及其在精确三维放疗计划以及调强放疗计划应用的研究。上述计算方法将是下一代精确放疗光子模拟与计划的替代标准。三维肿瘤空间定位的 CT 模拟定位系统(CTSim),以及近来迅速发展的影像引导放射治疗(IGRT)和剂量引导放射治疗(DGRT)是目前国际肿瘤影像定位及引导精确放疗技术发展的新方向,这都需要新的标准与规范来指导治疗。

20 世纪 80 年代以来,我国的肿瘤放射治疗取得了较大的进步。与发达国家相比,仍存在较大差距。目前国内能研制生产并且能占据加速器一定市场的企业仅有 2～3 家,主要生产中低能(光子 6～10 MV、电子 6～14 MeV)加速器,数字化程度、系统可靠性和稳定性及工艺水平仍需提高,缺乏内置电动多叶光栅和实时影像引导治疗的手段。与国外几大放疗公司的影像引导治疗加速器系统相比至少相差十年,目前高档放疗设备几乎全部依靠进口。国内放疗设备技术方面唯一相对较好的是三维(立体定向)放射治疗计划系统(如 X(γ)—刀、适形及调强放疗),这方面与国外水平接近,而且有所创新,拥有核心知识产权本地服务特色优势。这方面具有代表性的企业有中科院北京大恒医疗设备公司,目前该公司三维(立体定向)放射治疗计划系统位居国内市场第一。

体部伽玛刀是深圳奥沃公司应用"旋转锥面聚焦式伽玛刀射线辐射单元"发明专利开发的一种大型立体定向放射外科治疗设备,它把伽玛刀的治疗范围从头部扩大到全身。放射准直系统中,源体、准直体、屏蔽体是三个同心的球冠壳体。源体内装有 30 个钴-60 密封放射源。2005 年 12 月,顺利通过国内外著名放射治疗和放射物理专家的全面测试,达到立体定向放疗的业内领先水平,而价格仅为进口设备的 1/3。华中科技大学、奥沃公司、东南大学和空军总医院研制的立体定向伽马射线全身治疗系统已获 2005 年度国家科学技术进步奖二等奖。

重庆海扶(HIFU)技术有限公司于 1997 年研制成功 JC 型海扶刀(高强度聚焦超声肿瘤治疗系统)并投入使用,又是我国自主研发的大型医疗器械首次通过 CE 认证。它利用超声波的聚焦性和穿透性,在靶组织(焦域)形成瞬间高温,致使肿瘤产生凝固性坏死,而不损伤周边健康组织。海扶刀治疗具有非侵入性、适形性、实时性等优点,国内 20 多家大型医院先后引进海扶刀设备，并已陆续出口。目前海扶刀已经治疗 4 000 余例肿瘤患者。

2005 年上海交通大学陈亚珠院士等与浙江宁波鑫高益磁材有限公司厂校合作，共同实现单针水冷式射频肿瘤消融治疗系统的产业化，合作推出了第一代产品 JRA－1 型单针水冷式射频肿瘤消融治疗系统。射频消融心脏房颤治疗仪的研制正在进行之中。

深圳奥克微公司的微波治疗机属于高效物理治疗设备。它通过调制技术，以多波形、高能量、间断脉冲正弦波输出，作用于人体组织，起到消炎、止痛、收敛的作用，扩张血管促进血液循环，改善局部组织供氧，提高人体的免疫力，增强细胞的吞噬功能，加速病理产物和炎症产物的排泄，增强杀灭病菌和抑制病菌的生长，促进细胞的生长以及修复创扭拉伤。临床验证对胸膜炎、肩周炎、宫颈炎、前列腺炎等多种炎症均有良好的疗效，适于社区、家庭使用。北京工业大学与 301 医院和 207 所合作，研究用计算机模拟与实测相结合的办法来解决微波热凝固治疗的温度监控问题，用双热源来扩大“有效治疗区”，基本上解决了微波能量在组织中的分布、热疗温度场以及凝固区的温度监控等问题，特别是提出了“多源组合技术”来扩大凝固区，对大尺寸或非理想形体肿瘤的准确覆盖，为实现肝癌微波热凝固的适形性治疗奠定了理论和技术基础。此项目已获得国家科技进步奖二等奖。目前，这一技术已成功应用于肝癌的临床治疗。迄今已经治疗 600 多例，肿瘤完全坏死率高达 85％，5 年的存活率达到 67.3％，达到国际先进水平。

清华大学医学物理与工程研究所对铁磁热籽加温治疗技术进行了实验研究和初步的临床研究。理论上这种加温治疗方法对任何局部的能够植入热籽的实体瘤均有治疗效果，但目前的临床试验主要还是集中在脑部肿瘤以及前列腺癌，其他部位的肿瘤仍在临床前期试验和动物实验阶段。这一治疗方法的一个突出的优点是每个病人只在第一次治疗时植入热籽，今后可反复加热，另外它加温的特异性和确切性也是其他方法所无法比拟的，具有良好的前景。

(八)微创介入诊治系统

20 世纪 80 年代随着高精度数字化影像诊查仪器、数字减影血管造影(DSA)、射频消融技术以及高分子新材料制成的介入技术用的各种导管相继问世，使介入诊治技术发生了飞速进步，形成 20 世纪发展起来的临床医学新领域。

介入放射影像设备可分为介入治疗和诊断两类。介入治疗技术适用于扩及全身各系统和多种疾病和病变，基于介入诊治设备技术的介入放射学近年来进展迅速。介入治疗作为一种微创技术，是在影像增强透视、CT、超声和 MRI 等影像技术的导引下，通过经皮穿刺途径，应用导管、导丝、球囊、内支架、网篮、各种封阻器材、栓塞物质或/和化学药物灌注等，对相关疾病和病变进行治疗。按介入途径介入治疗可分为血管(如预防和治疗血管狭窄等)和非血管性(如中晚期肝癌供血动脉的栓塞或药物灌注介入治疗等)两大类。

如前所述，新奥博为公司自主开发了世界第一台 0.45 T 医用永磁 MRI 系统。2006 年 7 月，首台国产磁共振影像导航介入治疗仪落户北京协和医院。该仪器由新奥博为公司与美国哈佛大学医学院联合研发，将手术导航系统结合到磁共振扫描机，把手术器械

(如穿刺针)的影像及其虚拟的进入路线,投射到系统实时成像的解剖图像上,以达到准确定位和实时监控。克服了在X光、CT的引导下存在辐射、定位不准、不能对疗效进行实时监控等缺点;具有手术定位准、分辨率高、伤口小、愈合快、手术成功率高的优点。北京大学医学物理和工程北京市重点实验室与北京天坛医院合作,也已对基于磁共振术中成像的神经外科手术导航系统进行多年的研究。

由天津市华志计算机公司、北京航空航天大学机器人研究所、清华大学计算机系、海军总医院全军神经外科中心共同承担的"基于光学定位医用机器人辅助微创手术系统产品开发"课题通过了由"863"计划先进制造与自动化领域机器人主题组织的专家验收。基于光学定位医用机器人辅助微创手术系统由病历影像输入、计算机辅助手术规划系统、手术导航系统、NDI光学定位系统、五自由度机械臂、机械臂控制系统等部分组成。它在现有成熟技术和经验的基础上,探索应用主动式机器人进行外科手术的新途径。该课题在机器人操作系统、光学定位装置、机器人机构、手术规划软件等方面,形成具有自主知识产权的核心技术,开展临床试验、产品试制,开发出符合我国国情的新型医疗外科手术设备。

北京光电技术研究所研制完成全固态绿光激光治疗前列腺增生系统,已经进入临床验证阶段。该系统依据选择性光吸收原理,进行前列腺良性增生气化切除,备有导光传像光纤和电视摄像装置。具有独立知识产权,为全球第二家。最近几年出现了一批创新的介入诊治产品的公司,如生产介入导管和支架的上海微创医疗器械公司、生产导管的佛山医用特种导管公司、生产支架等产品的深圳先健有限公司、生产微创手术窥镜的杭州桐庐尖端内窥镜有限公司,等等。

(九)生物芯片与仪器

现代医疗仪器技术已经成为生物技术的一个重要组成部分。例如,用于诊断基因缺陷引起疾病的医疗仪器,本身就是生命科学研究用的基因测序仪器。不少先进的医疗仪器,实际上就是早在生命科学研究开发阶段配置的生命科学仪器。

生物芯片是20世纪80年代在全球范围内迅速发展起来的一项融微电子学、生物学、物理学、化学和计算机技术为一体的高度交叉的新技术。它是一种能对生物分子进行快速并行处理和分析的微型器件。生物芯片能够把生物分析过程中的样品制备、生化反应和结果检测3个步骤集成在一起。

2002年9月成立的博奥生物有限公司暨生物芯片北京国家工程研究中心是我国首次按照企业方式建设并运营的国家级工程研究中心。负责承担国家"十五"、"863"计划"功能基因组和生物芯片重大专项"的"生物芯片的研究与开发"课题,已经通过了科技部验收,课题的核心内容"系统化生物芯片和相关仪器设备的研制及应用"通过了教育部科技成果鉴定,整体技术达到国际先进水平。其中重大创新成果涉及在基因、蛋白、细胞层次分别构建了具有自主知识产权的微阵列芯片系统;在微阵列芯片制作、样品制备、生化反应及结果检测方面分别研制了具有自主知识产权的生物芯片相关仪器设备。目前,博奥公司已经自主研发并面向国内外市场推出了"生物芯片、生命科学仪器、软件与数据库、生物试剂与耗材"4个系列、共计100多项创新产品和技术服务。推广应用方面为生命科学及医学研究、临床医学诊断、药物筛选和生物(含食品)安全检测等领域提供了高效的整体解决方案。有关健康医疗方面的重大创新成果包括:①HLA(人类白细胞抗原)分型检测芯片系统;②SARS病毒基因检测芯片;③激光共焦扫描仪;④微阵列芯片点样与生产系统。博奥生物已经申请了92项国际国内专利,其中60%以上为国际发明专利申请,已获得美国专利授权7项,日本专利授权1项,中国专利授权24项;发表了被SCI收录的论文近50篇,其中影响因子大于5分的论文6篇;申请了国际国内版权认证7项,其中国际申请3项,已获得国内版权认证授权3项。

2005年4月,博奥公司与全球基因芯片的先驱企业美国昂飞公司(Affymetrix)建立战略合作关系,标志着我国生物芯片企业已在全球竞争日益激烈的生物芯片产业中跻身领跑者的地位,并使中国生命科学高新技术企业第一次能够与国际同行业巨头建立全面、对等和具有原创性的战略合作关系。2005年10月,进入美国技术网络(WTN)组织评选的世界技术奖生物技术前五名。

由于新药研发的成本极高,国外大制药公司已经开始利用生物芯片技术来对在研的化合物进行毒性预测、靶标确定、作用方式等方面的研究。为了确定生物芯片产生的数据是否确实能用于药物研发过程,美国FDA在2005年底组织了"生物芯片质量控制"项目(MAQC),博奥公司作为亚洲唯一受邀单位,参加了此项目。博奥公司利用自主研发的生物芯片高精度点样仪、生物芯片双通道扫描仪、化学修饰的生物基片、核酸芯片点样液等一系列芯片技术产生的芯片数据参加了MAQC项目数据的比较分析。博奥公司的芯片数据作为点制芯片的一个典范,数据的重复性、检测的精确度和灵敏度等,都获得了参与者的高度评价,并且结果已被刊入世界生物界权威杂志*Nature Biotechnology*。

(十)中西医结合仪器

我国近年在数字化舌像仪技术方面取得显著进步,为中医客观化、数字化、标准化提供了基础。北京医院李果珍教授研究磁共振功能成像在针灸过程中的应用,引起国际影像界的重视。华南师范大学刘颂豪院士和著名老中医邓铁涛教授合作创立了光子中医学学科。在中医理论指导下,激光针灸与激光血管内照射疗法进入临床应用。北京工业大学罗志昌教授等新著《脉搏波的工程分析与临床应用》指出脉搏波富含人体心血管生理病理信息,光电容积血流脉搏波方法是有潜力的无创检测技术,可能今后适用于社区、家庭的远程医疗监护。北京百脉生物医学工程研究所致力于开发中西医结合的实验室仪器和临床诊断仪器。"中医脉诊计算机辅助系统"是中医脉学理论与现代科学技术成功整合的结晶,使脉诊能运用科学的方法深入五脏六腑,了解病情,让中医辨证更客观和数据化。

(十一)新型医疗仪器

新型"结合产品"(Combination Product)方兴未艾。它是由医疗器械与药物、生物制品组合的产品;如药物释放支架、无创或进入体内自动缓释给药装置等。纳米技术和纳米材料在提高药物的生物利用度、控制释放系统、提高药物作用的靶向性、建立新的给药途径等方面发挥着重要作用。这些研究也给中药的现代化研究带来了新的希望。重庆大学微系统研究中心研制的消化道定点施药胶囊系统于 2005 年 10 月获得国家药监局注册证书，已获得发明专利 3 项，具有完全自主知识产权，在尺寸参数方面已经优于国外同类产品。它是一种基于 MEMS 技术的微型医疗器械，实现了无创地实现消化道定点药物释放，具有定位准确、可靠性高的优点。它是人体药物吸收研究的关键试验工具，特别是在缓/控释制剂研究提供重要的原始数据，主要应用于制药领域。上海交通大学医学精密仪器研究所研制开发的智能胶囊式测压系统，可以完整记录慢传输性便秘患者全结肠的高幅传输波数量，为结肠动力学研究以及患者诊断治疗提供可靠的依据。

四、国外医疗仪器发展近况

据世界卫生组织 2005 年统计，美国人年均健康费用 5274 美元，德国 2631 美元，日本 2476 美元，我国 63 美元。发达国家凭借市场经济推动科技进步以及人民物质生活富裕的优势，美国、西欧、日本的医疗器械产业和学科水平名列世界前茅。这些国家的医疗器械产业与医院、大学学术界密切协作，地域分布明显集聚，国际学术活动和人员往来频繁。全球医疗器械的著名大公司不断推出新产品，引领世界潮流。

美国医疗仪器学科和产业一直占据世界领先地位，共有企业 12 420 家。其研发费用一般占销售收入的 10%以上，新设小公司的比例往往更高。近几年硅谷的医疗器械产业比其他高科技产业以更高的速度发展。大学成为跨学科研究、科技创新和人才培养之源。“生物医学质量系统与管理”以及“医药与医疗器械监督管理”，已经列入美国某些大学生物科学院系的教学内容。2005 年美国《医疗器械与诊断工业》杂志遴选推动产业发展的十大医疗器械技术：①植入式洗脱器械；②颈动脉展伸器；③心脏助动器；④人造骨骼与皮肤移植；⑤人造整形脊椎；⑥基于核酸的体外诊断装置；⑦新型（波长）医用激光；⑧医学成像技术；⑨医院与家用的无线技术；⑩计算机辅助手术。咨询机构预计：2006 年影响美国医疗器械产业的 5 个主要因素是：成本压力继续增加，创新效率亟待提高，外包和离岸生产，引入网络化的自动化，消费者个性化导向的健康照顾。

国外医疗仪器发展的新趋势：

(1)生命科学分子生物学的发展，发现基因与生物化学的联系，推动医学和医疗仪器的进步。

(2)疾病谱的变化以及人口老龄化的趋势，引领医疗仪器发展方向。随着医学诊断移向家庭的健康人群，人体扫描结果转化为视频信息，从而与消费电子产品融合。

(3)信息技术与医学融合，无线通信网络技术与医疗仪器技术的结合催生无线医疗监护技术，远程医学发展迅速。它能提供全天候、全方位的医疗服务；最大限度地实现全国、乃至全球的医疗卫生资源共享。世界卫生组织倡导电子健康(e-Health)，以保证公共卫生保健事业的公平性、提高生活质量、促进人人享有基本人权。

(4)穿戴式传感器以及相关医疗仪器系统的开发受到国际医学工程界的高度重视。它将促进一个全新的医疗模式的诞生，为早期诊断和疾病预防提供强有力的工具。

(5)神经病学进入新时代,电疗技术正在兴起。基于神经电刺激疗法的植入器械,已进入临床试验阶段。

(6)为了减少不良事件的发生,医疗器械评估受到各方面的重视。

五、我国医疗仪器的未来

(一)差距和优势

值此国内外市场开放的大环境下,任何医学进步及其先进装备几乎都可以在我国城市医院迅速得到临床应用。相比之下,我国医疗仪器产业自身存在的问题是:研发能力不足,自主创新薄弱,应用研究脆弱,技术储备匮乏,企业缺乏优秀的研发人才与必要的物质条件支撑。高等院校和科研院所向产业转移的技术创新成果不是很多,丰厚的科技资源没有有效地推动学科进步和产业发展。这主要是因为现在的运行机制,没能密切结合客观需求形成有效的产业链。而发达国家学科的科研教学资源与产业,通过适当的机制实现信息、人员、科技成果的资源共享,不断推出新产品,促使产业升级,及时满足市场的需求;又为下一步的研究开发提供充足的经费与具体目标,形成良性循环。当前国内学科与国外的主要差距,主要不是表现在某一项具体技术或产品,也不是资金、人才的短缺问题,而是整个行业在产、学、研、医、政共同构成的技术创新机制、观念和体系有待完善。我们还缺乏顺畅的风险资本流动机制,以及甘冒大风险容忍失败的文化理念。国家基础工业支撑水平也嫌不足。观念和机制是主要问题,如果解决得好,其他问题都能迎刃而解。逐步改进全行业的结构和运行机制,创建从学科的人才培养、产业研发和规模制造基地、创新设计基地、规范的销售服务体系和合理竞争氛围的产业链,构建良性发展环境,确是一个迫切而又长期的任务。

作为人口大国,我国力求尽快实现人人享受基本医疗保健的公平目标。21 世纪人口老龄化、社会生活方式综合征、慢性病、传染病和流行病、天灾、突发事件的严峻挑战,特别是国际救援、2008 奥运会等特殊要求非常迫切。当前,我国经济持续健康增长,社会环境安定,正处在医疗体制和模式改革的关键转型阶段,医疗器械的产业和学科迎来了空前的发展良机。2006 年 2 月颁布的《国家中长期科学和技术发展规划纲要 2006～2020》规定,"人口与健康"属于重点领域和重点基础研究范围,"生物和医学技术"是前沿技术;优先主题中提出:"重点开发新型治疗和常规诊疗设备、数字化医疗技术、个体化医疗工程技术及设备"、党的十六届六中全会强调,发展医疗卫生事业,提高人民健康水平,是全面建设小康社会,构建社会主义和谐社会的内在要求。要为群众提供安全、有效、方便、价廉的公共卫生和基本医疗服务。我们有理由相信医疗仪器事业一定会迎来越来越有利的发展环境。

(二)发展方向

我国医疗仪器科技和产业的发展方向:

(1)医疗仪器趋向数字化、智能化、微型化、集成化、网络化、人性化、个性化。务求提高有效性、安全性、可靠性、适用性、节能、降低成本。以数字化技术带动传统医疗仪器的发展。发展重点是数字化医学影像诊疗一体化设备(CT、MRI、核素成像、彩超等)、物理治疗设备(精确放疗、肿瘤热疗等)、无创或微创的医疗设备、中低档临床检验分析仪器、新型内窥和激光诊疗仪器,等等。根据不同需求,提供实用性、经济型装备。

(2)鼓励跨学科的创新,开展前瞻性研究。分子医学影像系统、生物传感器、生物芯片和纳米医疗器械、超微医疗机器人、虚拟现实与增强现实、脑-机接口(BCI)等技术将形成医疗仪器的创新主流。

(3)以预防为主、以社区医疗为中心的医学模式正在兴起。医疗模式正由医院治疗型逐渐向以社区为基础的预防保健型转变,逐步建立适应社区医疗、家庭护理的多元化医疗保障体系。大力发展常规普及型、适合社区、家庭、个人应用的医疗仪器。低端产品向简便、价廉、耐用的方向发展。康复保健装置、个人医疗保健、早期诊断监测、治疗仪器将有更多需求,很可能形成下一代消费电子产品。

(4)发展适应新型医疗方法要求的仪器、医疗仪器与药物结合的产品——由医疗器械与药物、生物制品组合的产品,如无创或进入体内自动缓释给药装置、药物释放支架等。纳米技术和纳米材料在提高药物的生物利用度、控制释放系统、提高药物作用的靶向性、建立新的给药途径等方面发挥重要作用。

(5)21世纪是分子生物学时代,有关分子生物学的诊疗新技术将快速发展。生物芯片、基因遗传诊断和治疗、组织工程化医疗器械将有快速进步。通过动物的分子成像,研究分子结构功能助推新药开发。为了缩短药物研发的周期,加快药物筛选和动物试验的步伐,生物仪器与医疗仪器互相渗透融合已成为发展迅速的分支。

(6)对精神、心理、社会源性疾病的防治诊疗技术和相应仪器设备的研制受到越来越多的重视,研制精神分析、心理安抚、生物反馈型诊疗技术和设备将是生物医学工程的新起点。

(7)运动和交通事故造成创伤,急需研制新型创伤防护装置和生命急救系统。环境污染日益严重,研发劳动保护、家庭保健、个人防护用的人工气候微环境十分必要。发展个人化穿戴式医疗仪器的生理参数无创连续监测、躯体域传感网络技术以及电子织物载体等将成为趋势。

(8)中医是中国文化的瑰宝。传统中医行之有效的针灸、拔火罐、刮痧、正骨、号脉、舌诊等医术;中国人民传统生活方式所需的按摩、热敷、足浴等,需要配备现代化的医疗仪器加以革新,这个创新的空间十分巨大,有望将在实现全民基本医疗保障中发挥巨大作用。

(9)全球性专业化协作和国际性择优配套,有利于提高并保证产品质量、降低成本。充分发挥从研究、实验、开发、设计、部件加工制造、整机装配调试、临床验证、市场销售到售后服务整个产品价值链的多元化优势。

当前全世界都在关注中国医疗市场。新功能、新原理、新结构、新产品以及全新模式的服务，将通过充分满足使用者愿望的创新设计，形成核心的竞争力。当前我国医疗卫生体制改革正在深入展开，今后对医疗仪器的需求将更为理性，有望走上更为健康的轨道。同时酝酿下一个需求高潮的到来，真正成为新的经济增长点。值此全球化浪潮渗透世界产业供应链促使世界变得更加平坦之际，我国医护人员使用中国制造的精良医疗仪器走向世界，必将对建设和谐世界作出更大的贡献。

参考文献

[1] 陈传宏，杨哲，王澍仁主编. 我国生物医学工程科技产业. 北京：中国农业出版社，2000.

[2] 杨子彬. 生物医学工程回顾与展望. 中国医学科学院学报，2000.

[3] 戚康男. 我国医疗器械事业发展的视角和空间. 中国医疗器械信息，2004，3.

[4] Advanced Medical Technology Association. The Medical Technology Industry at a Glance. 2004.

[5] 谢楠柱，刘颂豪，邓铁涛. 中西医结合影像学和光子中医学. 世界医疗器械，2005，2.

[6] 吴祁耀. 对我国肿瘤热疗技术发展的思考与见解. 中国医疗器械信息，2005.

[7] 卜绮成，杨国忠. 我国医疗器械产业最近十年. 世界医疗器械，2005，5.

[8] 唐东生. 国产监护设备市场与技术发展. 世界医疗器械，2005，6.

[9] 姜峰. 中国医疗器械市场概况. 中国医疗器械信息，2005，7.

[10] 戚康男. 医疗器械产业在美国硅谷悄悄崛起. 中国医疗器械信息，2005，7.

[11] Fabio Pammolli et al.. Medical Devices Competitiveness and Impact on Public Health Expenditure. 2005.

[12] Office of Device Evaluation，FDA. Annual Report，Fiscal Year 2005.

[13] Booz Allen Hamilton，Inc. State of the Medical Device Industry and Trends for 2006，2005.

[14] JFMDA. Japan Medical Device Market Review. 2005.

[15] Center for Devices and Radiological Health. Ensuring the Safety of Marketed Medical Devices，CDRH's Medical Device Postmarket Safety Program. 2006，1.

[16] 吴祁耀. 我国医疗仪器产业发展现状与未来. 现代科学仪器，2006，4.

[17] 卜绮成. 在自主创新中改变中国医疗器械产业面貌. 世界医疗器械，2006，4.

[18] Center for Devices and Radiological Health. CDRH's Medical Device Innovation Initiative. 2006，5.

[19] 罗志昌，张松，杨益民著. 脉搏波的工程分析与临床应用. 北京：科学出版社，2006.

[20] 热点医疗器械发展方向预测. 中国医药报. 2006，9.

[21] 包尚联，徐萍芳. 医学影像的新进展. 中国医疗器械信息，2006，9.

[22] 刘向阳. 促进我国高端医疗设备的健康有序发展. 中国医疗器械信息，2006，10.

[23] 医疗仪器技术未来走向分析报告. 中国医药报，2006，11.

[24] 卢忠，李丹荣. 医疗器械产业的发展与机遇. 现代医学仪器与应用，2006，11

[25] Nandita Vijay. China's strong R&D，competitive manufacturing capability lures global majors to outsource products. PHARMABIZ. com (India)，2006，11.

[26] 周永耀. 准分子激光人眼像差校正系统. 中国仪器仪表学会医疗仪器分会学术会议论文，2006，11.

[27] 唐劲天. 磁感应肿瘤治疗新技术研究进展. 中国仪器仪表学会医疗仪器分会学术会议论文，2006，11.

[28] 丛玉隆,王成彬. 临床检验仪器进展报告. 2006,8.
[29] 邱学军. 医学影像系统与放射治疗系统进展报告. 2006,8.
[30] 顾瑛. 医用光学仪器进展报告. 2006,8.
[31] 沈建雷. 医用超声仪器进展报告. 2006,8.
[32] 何鹏. 生物芯片领域相关技术进展以及今后发展方向. 博奥公司报告,2006,10.
[33] 唐东生. 医疗设备制造业自主创新核心技术的战略目标及战略重点. 2006.

撰稿人:戚康男

电工计测技术及电工仪器仪表

一、电工计测技术及电工仪器仪表概念与组成

电工计测技术及电工仪器仪表是以电磁测量信息处理技术为基础，研究各类静态和动态电磁参量测量与信息处理仪器仪表、测控装置及系统为主体的一门工程性学科，并由此形成电工仪器仪表行业。

我国电工仪器仪表行业经过 50 多年的发展已经形成了门类齐全，具有较强科研实力的全球规模最大的产业集群。骨干企业 700 余家，员工 16 万多人，产销能力 9 000 万台(套)以上，工业总产值 200 亿元人民币以上；其中电能表产销量世界第一，且多数具有自主知识产权，是国产率最高的行业之一，目前出口率超过 13%，出口增长率约 28%，是一个具有极强国际竞争力的行业。

主要产品类别包括：电能计量仪表(含计费仪表)、安装式电表、精密电表(实验室和便携式电表)、数字仪表、电测量仪器(交流仪器、直流仪器)、磁测量仪器、扩大量限装置、自动抄表系统、电力监控仪器仪表及系统、电能计量管理及电力负荷控制系统、自动测试系统、校验装置、电源装置等，另外还可以与各类传感器相结合，实现对各种非电量的测量。

主要市场服务范围包括电力、冶金、交通、矿山、石油化工、轻工机械等行业，以及教育、科学试验、军事工程、宇航技术、医疗卫生、环境保护、标准计量等领域，是仪器仪表行业极其重要的分支。特别是近几年来，随着国家城乡电网改造的进行，电工测量仪表取得了跳跃式发展，高标准、高起点、自主开发了一大批高科技产品，技术和产品总体上达到国际标准，已经在我国仪器仪表学科与技术的发展进程中占有突出地位。

二、电工计测技术及电工仪器仪表学科发展状况

在全国城乡电网建设与改造市场的拉动下，电工计测技术及电工仪器仪表产品的更新进度明显加快，高附加值的新产品不断涌入市场，如多功能电能表、多费率电能表、多用户电能表、自动抄表系统、大用户负荷管理系统、自动校验装置、高精度数字万用表、钳形表、兆欧表等，在满足国内市场需求的情况下，还有部分出口。“十五”期间电工仪器仪表的生产、销售、经营情况表明，电工仪器仪表的总体需求基本上保持稳步增长。虽然出现部分产品需求下滑，市场空间缩小，但随着国外市场的开拓，消化了因国内市场饱和带来的冗余，详细情况见表 1。

表 1 电工仪器仪表行业"十五"期间主要经济指标

(中国仪器仪表行业协会电工仪器仪表分会统计)

序号	指标名称	单位	2001 年	2002 年	2003 年	2004 年	2005 年
1	电工仪器仪表产量	万台	10711	22965（含零部件 11947）	21474 含零部件 1121)	15858	13163
2	工业总产值	亿元	101.47	142.32	170.81	215.64	256.15
3	产品销售总收入	亿元	107.82	174.71	215.15	281.36	291.67
4	产品销售税金及附加	亿元	0.66	0.89	0.56	1.39	1.71
5	实现利润总额	亿元	10.6	12.97	13.70	15.13	19.11
6	利润税金总额	亿元	11.27	13.86	14.26	17.75	20.81
7	产品出口产值	亿元	6.6	16.33	12.27	7.45	16.71

目前，国内城乡电网改造高峰期已过，市场需求量由高速增长趋于稳定，中低端的电能表、安装式电能表及便携式电能表等产品生产能力过剩，市场格局基本上供大于求；但高技术含量的电工仪器仪表与国际先进水平尚有差距，不能完全满足国内市场需求，仍有较大成长空间。鉴于国家电网运行、改造所需电工仪器仪表的更新周期以及电力建设蓬勃发展的良好趋势，预计未来几年我国电工仪器仪表市场需求将在此基础上稳中有升。

(一)电能表向电子式过渡

电子式电能表是在技术进步和市场需求中产生与发展起来的。自 2003 年起，我国电能表产业进入由感应式电能表向电子式电能表全面转型的时代。电力系统商业化运行和电力营销现代化建设，对电能计量的准确度、可靠性、运营成本、工作效率及电能表功耗、稳定性、附加功能等都提出更高要求，同时国家为缓解电力紧张、节约能源，先后出台了峰谷分时计费、扩大两部制电价实施范围等政策，这令传统的感应式电能表已远远不能满足这种市场需求，而电子式电能表的高技术含量支持其更易于实现高精度、高可靠性和实时计费、分时计费、多参数测量、网络接口、智能化管理等功能，从而得到高速发展。市场占有率从 2000 年的 10%左右提高到今天的 60%以上，2005 年电子式电能表总产量达 4 725.03 万台，占电能表总产量的 61.1%，为前一年同期的 129.45%；产值为 67.16 亿元，占电能表总产值的 74.78%，为前一年同期的 112.67%；出口 688.79 万台，占电子式电能表总产量的 14.58%，占电能表出口总量的 75%，其产值产量均居世界第一位。(参见图 1、图 2 和表 2)

表 2 电能表及其中电子式电能表和感应式电能表的产量、产值、占有率

分类			2000 年	2001 年	2002 年	2003 年	2004 年	2005 年
1	电能表	产量(万台)	10893	9277	10020	9137	7561.49	7733.33
		产值(亿元)	91	85.62	97.32	90.63	89.66	89.81

续表

	分类		2000年	2001年	2002年	2003年	2004年	2005年
2	感应式电能表	产量(万台)	9747	7031	5987	5765	3911.51	3008.30
		占电能表总产量的比例	86.49%	75.79%	59.75%	63.1%	51.7%	38.9%
		产值(亿元)	78.71	54.02	45.88	37.07	30.05	22.65
		占电能表总产值的比例	86.49%	63.09%	47.14%	40.9%	33.5%	25.22%
3	电子式电能表	产量(万台)	1146	2246	4033	3372	3649.98	4725.03
		占电能表总产量的比例	10.52%	24.21%	40.25%	36.9%	48.3%	61.1%
		产值(亿元)	12.29	31.6	51.44	53.56	59.61	67.16
		占电能表总产值的比例	13.51%	36.91%	52.86%	59.1%	66.5%	74.78%

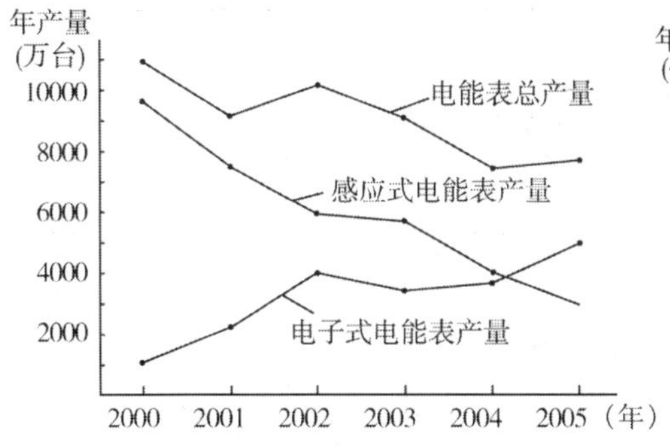

图1　电能表及其电子式和感应式电能表年产量

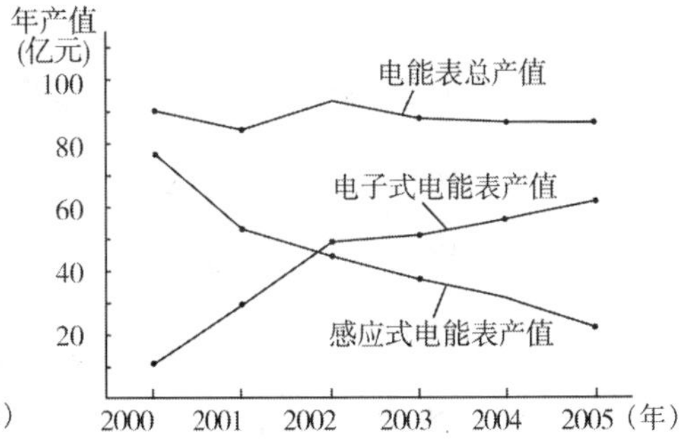

图2　电能表及其电子式和感应式电能表年产值

即使在电网关口电能计量(0.2s)这个过去一直由国外企业占据的高端领域,国产电能表市场占有率也在逐年提高。伴随着产品质量提高和出口量的增加,我国正从电能表制造大国迈向电能表研究与制造强国。

(二)自主知识产权打破了国外产品的技术垄断

2000年以前,我国国产电工仪器仪表以机电式、模拟指示式产品为主。智能化、自动化、网络化的高端产品市场长期被国外企业占据。20世纪90年代初,我国开始自主研制并生产电子式、数字化仪器仪表。十几年来,在国家产业政策的支持下,电工仪器仪表行业的产、学、研、用户、检测机构等广泛合作,通过引进、吸收、创新,已形成具有自主研发能力的电能表产业群,已经完全能够自主研制并制造具有自主知识产权的各种类型及档次的电子式电能表产品。行业企业在竞争中持续提高核心竞争力,不断拓宽服务领域,在国内外两个市场寻求发展空间,产品从量的增长向技术创新过渡,步入高质量、高技术、高附加值的平稳发展期。企业的集约化规模不断扩大,一些企业已在国外建厂。以电能表、便携式电表为主,产品出口到20多个国家,且出口量在逐年增加,见表3和图3。其中电能

表 3 电能表及分类出口量与出口额

		分类	2000 年	2001 年	2002 年	2003 年	2004 年	2005 年
1	电能表	电能表总产量(万台)	10893	9277	10020	9137	7561.5	7733.3
		出口量(万台)	542	1195	1466	1147	929.65	1383
		出口表占电能表总产量的比例	4.98%	12.88%	14.63%	12.55%	12.29%	17.88%
		出口额(亿美元)			2.1168	1.30	1.1333	1.9539
2	感应式电能表	出口量(万台)	539	1170	979	799	581.77	581.81
		占出口电能表总量的比例	99.45%	97.91%	66.78%	69.66%	62.57%	42.07%
3	电子式电能表	出口量(万台)	3	25	487	348	347.88	801.19
		占出口电能表总量的比例	0.55%	2.09%	33.22%	30.34%	37.42%	57.93%

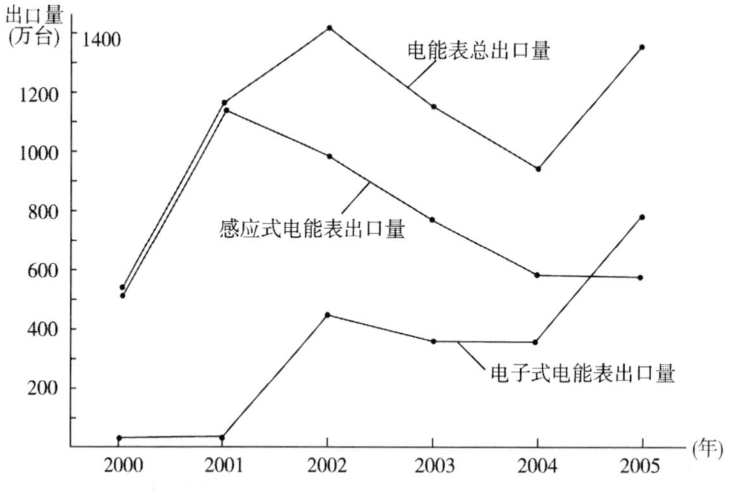

图 3 电能表及其中电子式和感应式电能表的出口量

表占电工仪器仪表出口产品比重较大。

国产表市场占有率逐年提高,迫使电网关口电能表等国外的天价进口产品的价格急剧下降。在高端进步的同时,中、低端产品已替代进口,处于主导地位。目前,电工仪器仪表在仪器仪表行业进口产品中所占份额较小,主要以高精度关口电能表、五位半以上数字万用表、精密仪器、实验室设备为主。据海关统计:2004 年我国进口关口表等高精度电能表数量为 134 099 台,金额 1 094 万美元;五位半以上数字万用表数量 80 173 台,金额 144.5 万美元。数据表明了我国高端电工仪器仪表的差距所在。

(三)动态畸变条件下电能测量与电能质量分析

随着用电负荷日趋复杂化和多样化,使工业非线性负荷迅速增加,导致电网的波形产生严重畸变,并含有大量的非稳态谐波,可能影响到电网的安全运行,甚至导致较大面积的停电等恶性事故发生。电能质量的好坏直接关系着国民经济的总体效益，对电能质量的管理和电力污染的治理工作是势在必行。

我国的大学、研究所及电工仪器仪表行业的骨干企业先后开始进行了“动态畸变条件下电能测量与电能质量分析”的研究工作。在对国外公司相关产品的功能和技术指标进行了细致的分析，从剖析、模仿、消化到结合国情自主创新，进行了大量的技术研究，我们的主要采用对干扰源及电网实时监视，并对测试数据进行数学描述及分析处理，所采用的技术包括时域仿真法、频域分析法、小波变换（WT）法等，硬件多采用基于数字信号处理的嵌入式实时系统平台的解决方案。目前，动态畸变条件下电能测量与电网质量分析的研究虽然取得了一定的成果，并应用于多功能电能表设计中，也有独立的产品问世，但还远不能满足电工领域当前状况和未来发展的需求，还需进一步的研究。

（四）系统技术推动电工仪器仪表的发展

随着我国城乡电网改造及配电自动化的发展，电能表已从过去单一的电能计费功能，逐步增加了用电信息采集、远程抄表及控制等功能，向着智能化、信息化、网络化和系统化方向发展。“电能计量自动化系统”是一个具有发展前景的产业，它的终端是电能表，并将传统的电能计量应用技术由点到面的拓展，变成一个分布式计量技术网络，由电能量数据采集开发出名目繁多的电力管理自动化功能。

作为电能计量自动化系统主体的自动化抄表系统发展到今天已经经历了一个十分漫长的过程，它伴随着用户需求的提高和技术的进步，不断完善、不断扩大使用面积和范围。1989 年全国第一套跨省网的大型电量计费系统投入商业化运行；而后开始了以低压电力载波技术为主体的自动抄表系统的研究和应用，但由于电网复杂、环境恶劣，加之技术上的不成熟，一度陷入低潮。近年来随着技术的不断进步发展，应用需求的不断成熟，国内自动抄表系统水平得到了长足进步。今年采用开放式通信协议 GB/T 19897、GB/T19882“自动抄表系统”系列国家标准正式推出。目前高端自动抄表系统领域已彻底打破了国外的垄断，形成了以国内产品为主的格局。低端自动抄表系统也在 PLC、GPRS 等技术的促进下大力发展。同时伴随着智能化小区的建设和网络的普及，自动抄表系统在水表、煤气表、热表领域也得到了广泛应用。

三、电工计测技术及电工仪器仪表专业领域科技与产业进展

（一）电磁计量取得突出进展

电磁计量是仪器科学与技术领域的重要组成部分，对其发展起着十分重要的基础和推动作用。近年来在电磁计量基准标准及关键测试技术方面取得了突出的进展。

1. 全面参加国际比对，成绩优秀

在理论和技术上取得突破性成果的基础上，我国全面参加国际比对，量子电压居突出的位置，量子电阻高出国外最高水平一个数量级，达到 10^{-10} 水平，功率比对成绩优秀。通过比对，在国际上建立各国之间对计量能力的相互承认，从而促进了国际贸易和电能表

出口。

2. 以扩频为方向，基准标准得到了大幅度的完善

近年来电磁计量以扩频为主要方向，从音频向 1MHz 发展，建立了一批新的基准标准；同时原有基准标准的量程频段得到进一步的扩展，满足了科研、生产和使用快速增长的需求。

3. 关键技术取得显著进步

在电磁计量基准标准的研究中，广泛采用国际先进的理论和先进的技术，同时特别注重发展有自己特点的技术，注重创新。从而在低温电流比较仪、采样测量等通用技术和关键技术方面取得了显著的进步。

（二）国际标准化战略促进技术创新，加快产业国际化进程

电工仪器仪表国际标准化战略的实施，强有力地促进和加快了产业国际化进程，同时对行业的技术创新和产业结构调整起到关键性的推动作用，引导并促成电能表等龙头产品的成功转型。近 5 年内，对电工仪器仪表"国家标准体系表"进行了科学化疏理、规范和调整，组织制定、修订并颁布实施新国家标准 17 项、行业标准 8 项，正在制修订的正式立项的国家标准 17 项、行业标准 1 项。坚持"早期介入、积极跟踪、适时出台"的基本工作思路，为本行业的高新技术产业发展与克服国际贸易中的技术贸易壁垒提供了及时的支持和正确引导。同时，实质性参与国际标准的制修订、国际技术交流和标准化活动，实现与国际对接。2003 年 5 月，IEC/TC85（电工及电磁量测量技术委员会）秘书处正式转入中国，落户哈尔滨电工仪表研究所，实现我国承担国际电工技术委员会专业秘书处零的突破，得到国家标准化管理委员会高度重视和认可。这标志着我国开始在国际标准化事业中发挥重要作用，承担起组织国际范围的电工仪器仪表领域的标准制修订和标准化工作。

（三）电能计量仪表

电能表在电工仪器仪表出口产品中所占比重较大，电子式电能表从开始产生就以自主开发为主，制造业与大学及科研院所进行广泛的合作，并在国家各类科研经费的支持下，走出一条引进技术、消化吸收、自主创新相结合的振兴之路，今天我国的电能表产业不仅产量居世界第一，而且已经完全能够自主研制并制造具有自主知识产权的各种类型及档次的电能表产品。

1. 电能表的综合技术与质量达到国际先进水平，并已进入国家电网关口计量副表地位

（1）多家企业先后研制并生产出 0.2 S 级三相多功能电能表，在技术上采用准同步采样、动态负荷实时反应、实时跟踪温漂及零漂补偿等技术；面向系统设计，采用开放式通信协议，具有可在线更换的外置通信模块、实时测量、谐波测量、电能质量分析等功能；其综合技术与质量已赶上国际先进水平，目前已进入关口计量副表地位。

（2）0.1 S 级三相多功能电能表研制成功，并通过权威机构检测，拥有自主知识产权，全部运算功能由硬件电路实现，具有高可靠性和抗电磁干扰能力，适应复杂环境下的在线

实时计量，电能计量准确度已高于 IEC 标准要求。

3）国产三相电能计量专用芯片发展迅速，三相多功能表已大量采用，较好地取代进口器件，性价比及可靠性大幅提高。

4）关口表远程校准系统，系统由多路关口表的测量、校准回路和计算机通信网络构成；误差数据传输：关口表的实时误差，通过专用信道传输到系统主站，整个系统误差优于 0.1%。

2. 谐波电能计量理论上有争议，技术上有突破，产品已推出

新研制的高端三相多功能电能表已具备谐波测量功能；三相谐波表具有分相的基波和谐波计量功能。

谐波电能计量在理论、技术、新产品研发上均取得突破性进展，已探索进入电力市场。目前取得的主要成果有：

（1）新研制的高端三相多功能电能表已具有谐波计量与分析功能，包括：基波和谐波有功功率计量、潮流分析、负荷曲线、谐波次数与幅值、初相位、电压谐波总含量和电流谐波总含量等功能，部分表还含有谐波无功功率计量与分析功能。谐波计量与分析功能已逐步成为三相多功能表的基本功能。

（2）三相谐波表具有分相的基波和谐波有功功率计量功能，提供基波、谐波电能量和谐波功率方向等。

（3）基于小波分析的谐波与冲击负荷测量理论及算法的研究成果开始应用。

（4）含谐波电能计量工作标准的三相多功能标准电能表研制成功，包括：谐波电能计量工作标准，在线谐波有功电能表、谐波有功电能计量功能测试方法，这无疑是国内谐波电能计量发展的重要一步。但是该工作标准的谐波功率计量准确度，在国内还无法进行溯源。另外基于虚拟仪器技术的谐波电能计量与分析系统也已出现，采用可视化编程软件，可根据需求灵活组态。

3. 高压电网电能直接测量，国际国内首次实现计量溯源

与传统的高压电能计量不同，直接式高压电能表在 6～35 kV 电网上，由一次电压、电流传感器和电能计量芯片进行高压电网电参量测量，再通过光纤系统将信息传输到低压侧，进行计算和管理功能编程。设计中引入悬浮式电源，采用电子式电压、电流传感器、高压大电流坡印亭矢量原理的功率变送器等实现高压直接测量。

高压电能计量关键技术和量值溯源的研究在国际上首次针对电能计量柜、高压电能表和电网网口电能计量系统进行整体校准和计量检定等高压电能计量关键技术和量值溯源进行系统研究。选择的切入点为研制高压大功率标准功率源作为电能计量柜检验装置，其测量范围涵盖 GB/T16934 要求的电压 380 V～35 kV（线电压），电流20～1 000 A。全量程电能计量准确度达到 5×10^{-4}。

项目实现的主要技术创新为：高压大电流三相标准功率源，并将它作为高压电能计量的关键性基础设备；新型高压电压/电压变换器；以高压大电流三相标准功率源结合相应量程的三相多功能标准表实现高压电能计量标准及其量值溯源。从而为整体校准和检定电能计量柜和高压电能表、整体校准和检定电压电流互感器组合和其他新型电压电流互

感器、整体综合校准和检定电网电能计量系统奠定了坚实的技术基础。

本项目的成功为即将面世的高压电能表和正在不断涌现的各种高新技术如电子、光电子变换器在电网测控技术中的应用铺平了道路，将为提高我国电能计量和电网管理水平作出贡献，并因此创造大的社会和经济效益。该项目属于拥有完全自主知识产权的技术创新，达到国际先进水平。

4. 电子式单相表稳步发展

普通单相电能表的发展以提高产品质量、降低成本和防窃电为主体，在技术上有如下特点：

（1）普通表的研究主要集中在集成芯片、电磁兼容性和可靠性等方面；目前2.0级表的准确度优于1%，且全面满足国家标准和IEC标准的要求；

（2）载波表主要研究集中于抗电网干扰和专用载波芯片上，近年随着载波通信技术研究进展，正逐步走出低谷（详见自动抄表系统）。

（3）防窃电技术已实现双线测量的防窃电和防零线窃电等技术。

5. 动态畸变条件下电能测量与电能质量分析

开发动态畸变条件下电能测量与电能质量分析技术，其中频域稳态功率电流分解方法、时域瞬时功率电流分解方法、时域稳态功率测量方法和第一代小波变换功率测量方法的研究取得实用化成果，并有产品问世。

（四）电能计量自动化系统

近年来，电能表面向系统设计，基于开放式"自动抄表系统"系列国家标准，电能计量及远程自动抄表、管理、分配系统的构建技术实现多方位突破和应用。系统实时性、兼容性、可靠性、面向对象的互操作、抄表成功率得到有效解决，满足了商业化运行的需要。

1. 开放式远程自动抄表系统

目前影响远程自动抄表系统推广应用的一个重要障碍就是系统的兼容性，特别是通信协议的兼容性和制造标准的不一致。在国内目前有几个不同的制造标准同时在使用，因此根据不同的标准制造出的产品千差万别，兼容性较差。今年TC104全国电工仪器仪表标准化技术委员会推出了采用开放式通信协议的"自动抄表系统"系列国家标准（GB/T19882、GB/T 19897）。该协议的特点，是从通信的角度，建立电能表的接口模型，使功能模块与低层通信协议隔离，由此，系统之间保持计量数据一致，系统的兼容性问题得到有效解决。

2. 远程无线抄表在技术争议中不断发展，成果显著

（1）基于GPRS、CDMA的远程无线自动抄表系统在技术争议中不断发展，取得了长足的进步，正在大面积推广使用。

（2）在近距离无线自动抄表系统中ZigBee开始应用，它具有自动组网、低功耗、低成本的双向无线通信技术，根据需求可建立庞大的沟通网络及可自我修复的网络架构，安全可靠。

基于Z-Wave无线通信技术也已用于近距离无线自动抄表系统，Z-Wave是基于射

频、低成本、低功耗、高可靠性的双向无线通信技术。

3. 低压载波抄表正逐步走出困境

低压电力线载波自动抄表系统采用扩频、跳频、正交频分复用、阻抗适配滤波、转发中继(载波表可以动态的被本地集中器通过电力线设置为路由器或转发器)等技术及专用芯片，不断克服我国电网拓扑复杂、污染严重带来的较多的实际问题，其抄表成功率大为提高。

随着这些新技术的不断出现，低压电力线载波通信可靠性低等问题逐步解决，目前基本能达到《低压电力用户集中抄表技术条件 DL/T698》提出的现场验收条件下一次抄表成功率指标，现场一次抄表成功率在逐年提高，正在走出困境。

自动抄表系统国家标准已经推出；远程无线抄表在技术争议中不断发展，成果显著；低压电力线载波自动抄表技术正逐步走出困境。

(五)制造技术

制造技术关系到产品质量与企业的市场竞争力，也是电工仪器仪表领域和先进国家差距最大的地方，近年来本行业的研究所、骨干企业与大学联合，在国家相关基金的资助下取得了一批重要的成果，并加以推广，使我国电工仪器仪表的制造技术有了明显的提高。

电工仪器仪表的制造技术大幅度提高。0.01 级电能计量标准已经建立；基于总线技术构架调校自动化系统平台、专家系统、图像识别等技术进一步提高了生产的自动化程度和产品质量的可靠性及一致性；正弦波脉宽调制技术成功引入测试电源，预置失真和矢量纹波动态补偿等技术，克服了 SPWM 技术失真大、供电源影响严重等问题；加上现场模拟技术和专用模拟装置的使用，电工仪表制造技术走向节能、高可靠性、全自动化的新阶段，电工仪器仪表产业的国际市场竞争力不断增强。

四、电工计测技术及电工仪器仪表专业领域

虽然我国的电能表、数字万用表等在国际市场上的产销量均居第一，但我国的电工仪器仪表与国外先进水平还有一定的差距，主要存在着科研投入不足、自主创新能力低、制造技术落后等问题。

第一是制造技术，感应式电能表的准确度和可靠性与制造水平关系很大，而这一点正是我们的不足之处，也是我们与国外企业差距最大的地方；自动化生产水平不高，加工方式大多还是以人工为主，产品性能难以保证高度一致性，国内产品的离散性相对大于国外著名企业的产品，在一定程度上反映企业对产品质量的控制能力弱，同时生产管理的难度较大，制造技术是我们与先进国家的最大差距。

第二是材料质量，感应式电能表的磁推轴承、阻尼磁钢等关键器件的质量是影响产品寿命的最主要原因；绝缘性能、壳体的耐热和阻燃性是保证电能表质量的关键；材料质量也是主要差距之一。

由于电子式电能表对制造工艺和材料的依赖性远低于感应式电能表，因此电子式电能表的发展在多方面弥补了我们在制造技术和材料质量上的不足。

第三是核心技术问题，我国的仪器仪表(包括发展最快的静止式电能表在内)的核心

技术之一——测量芯片的自主开发能力不足，且缺少自主知识产权的创新技术，这也是阻碍发展的重要因素。

加强技术创新力度，从政策和资金两个方面扶植我国的制造业，在引进、消化、吸收的基础上，研制并生产更多具有自主知识产权的集成芯片。

第四是生产的集约化和集中度相对偏低，我国的企业数量很多，但上规模的不多，制造的集中度不高，难以应对变化的市场竞争。

第五是安装式表外形及安装尺寸不统一，给用户在使用时带来不便，互换性较差，造成资源浪费。目前全国电工仪器仪表标准化技术委员会正在起草相关标准，以解决此问题。

随着全球电能表产业格局的变化，我国作为世界电工仪器仪表生产大国，产品出口量在逐年增加，出口地区不断扩大。无论从技术、质量层面上，还是从生产能力上，完全可以参与国际市场的竞争。虽然从整体上看，我国电工仪器仪表与国先进水平还有一定的差距，但我们只要正视仪器仪表在国民经济发展的重要性，在政策上、资金上给予大力支持，以新技术为平台，高起点、高标准打造世界级的中国电工仪器仪表行业，就可以缩小差距，参与全球市场竞争。

五、电工计测技术及电工仪器仪表专业领域发展的主要方向

两网改造、一户一表为电工仪器仪表行业带来的市场契机现已趋于平缓。现代电力行业运营科学管理的需求、电子技术的发展为电工仪器仪表行业的提供了更广阔的发展空间。面对新的市场需求，电工仪器仪表行业的产品呈现出新老产品并存，长寿命、多功能、智能化、网络化的格局与特征。

由于国内量大面广的电工仪器仪表产品生产能力已严重过剩，产品市场竞争非常激烈，技术创新将成为产品市场竞争的一个重要手段；标准化工作对行业的技术进步和产业结构的进一步调整也将起到关键性的作用，国际标准化战略，必将加快了产品国际化进程，对克服了国际贸易中的技术贸易壁垒提供保障，从根本上提高国际市场竞争力。

各企业为保证市场占有率，已经在产品价格上做了最大的努力，整个行业产品价格处于微利状态，已没有降价的空间。又由于整个市场需求处于供过于求的状态，即买方市场，因而产品价格上升的可能性也微乎其微。从总体上看，“十五”期间电工仪器仪表产品的价格走势将保持在平稳状态，但由于一些高技术含量产品的推出，如电子式电能表等，产品的技术性能水平较高，其价格将比老产品有所提高，产品性能价格比与老产品相比将有明显的优势。

（一）电能计量仪表发展趋势

1. 三相多功能电能表

近几年，电力系统不断扩展三相多功能表应用领域，从用电计量计费扩大到配电变压器、变电站的经济管理、用电需求侧管理的计量、发电厂上网电量、跨省电网联络线交换电量的计费等；从 315 kV·A 及以上大工业用户计费扩大到 100 kV·A 及以上商业、非工

业、普通工业户的计费。以上三相多功能表应用领域的扩大，引起计量点总量估计由60万个扩大到400万个，三相多功能表应用需求量前景看好，同时也明示今后产品技术的发展趋向：

(1)电能表由单一的计费产品发展到关口计量、配电变压器计量、变电站计量、大工业户计量、中等容量户计量、用电需求侧管理系统的终端6类产品，并分别制定产品技术规范；

(2)关口电能表要高精度、高稳定性、高可靠性、快速、统一协议、0～360°计量技术；

(3)计费用三相多功能表要准确、简单、可靠、实用，逐步发展三相SOC芯片，具有谐波及污染程度的测量，温度、电压、频率、相位改变的自适应计量；

(4)电网损耗计量与防窃电技术，包括电量具有时标，电量波动分析软件，电量异常报警与主动上报，变压器、电力线路损耗计量，电力系统节点、母线和电力线路的电量平衡计量；

(5)规范三相多功能表的功能，统一通信协议；避免盲目增加功能，改变现在多数功能基本无用且操作复杂、可靠性降低的问题。

2. 谐波测量

(1)谐波有功、无功、视在功率电能计量实用化产品，用以改进谐波下功率因数计算方法，为提高冶炼企业、电气化铁路、采用整流设备企业的电能计量准确度，做好技术上的准备；

(2)谐波有功功率潮流判别、分析方法和电能质量实时监测产品，推进电能质量市场的建立与法制化管理；

(3)加强国内电能质量和电能计量标准建设，包括基波、谐波功率电能计量标准的建设，进口急需而国内缺门的国际新型计量标准设备，满足在线电表新产品计量溯源的要求。

3. 单相电能表

目前部分省市已开始实行的居民用电峰谷电价政策，今后单相多费率表成为民用电能表的主流，技术条件、设计方案和通信协议亟待规范。而预付电能表的主要研究方向为采用预购电量的金额和现行电价进入单相预付费表的计算方式；调整电价时，通过远程电能计量自动化系统，向用户的单相预付费表加载新的电价。

4. 数字互感器技术

数字互感器技术将成为电参量采样的主要研究方向，产品的实用化，将给电参量测量与电能计量带来技术性革命。

5. 电能表技术中有待研究的主要课题

电能表技术中有待开发研究的主要课题有：谐波下电能的正确计量，智能化防窃电，关口表远程校准，电能量数据组网，在线大用户电能表运行监测联网，三相不对称功率计量和功率因数计算方法，污染程度测量技术等。

(二)电能计量自动化系统发展的主要方向

建设部智能小区自动抄表系统技术规范已颁发,水、煤气表、热表的远传抄表工作正在加快,目前各地均有试点,应用前景十分广阔;开放式通信协议的"自动抄表系统"系列国家标准的兼容性自动抄表系统将成为主流。

技术上,高端自动抄表系统市场将稳中有降,中端自动抄表系统市场将因为 GPRS 技术不断提升、电信部门的重视程度不断提高、使用经验不断积累,而加速发展。居民用表的集抄依然是自动抄表系统的大市场所在。提高集成度、降低成本、提高可靠性,是其面临的主要问题,传输信道的解决和合理定位是其能否实用的关键。

(三)其他仪器仪表及自动测量系统发展的主要方向

安装式电表需求主要表现在产品的结构和精度上,标准化、系列化、通用化是必备条件,数字式安装式电表的需求也将逐步上升;精密电表重点是提高可靠性与准确度,完善接口系统与图形显示功能是最主要的发展趋势;交直流电工仪器今后的主要发展方向就是数字化和智能化,磁测量仪器其技术发展趋势为高灵敏度、小体积、智能化。

随着电子技术的发展,芯片的集成度不断提高,多数科研、生产、军事及宇航工程等测试将主要依靠自动测试系统来实现,因而对自动测试系统不断提出了更高的要求,从完全独立的自动测试系统到灵活多变的组合式、模块式自动测试系统都是未来需求的对象。

(四)动态畸变条件下电能测量与电能质量技术发展的主要方向

电能质量的好坏直接关系着国民经济的总体效益,对电能质量的管理和电力污染的治理工作势在必行。但我国对电能质量的研究还处于起步阶段。首先是完善法律与国家标准,跟踪国际技术发展趋势,结合我国电网的特殊性,从基础理论上提高我国电力系统电能质量监测分析的技术水平,开发出适合国情的"电能质量在线实时监测分析系统";新的监测技术能快速捕捉毫秒级甚至纳秒级瞬时干扰波形,能测量各次谐波、次谐波和间谐波的幅值、相位及相当高次谐波的信息,并建立有效的分析与识别系统,并逐步融合于新型 SCADA 系统或多功能电能表中。

(五)制造技术发展的主要方向

先进制造技术是产品质量和技术水平的保障,用数字、信息、网络等先进技术提升传统产品的高技术含量,以适应市场的需求是传统产业和产品的技术发展方向,也是提高企业市场竞争力以适应经济全球化的需要,更是我国传统产业中企业生存与发展的必然选择。制造水平偏低是我国企业的最主要问题之一,改变这个现状是我国电工仪器仪表行业亟待解决的问题,也是我们要走到世界前列的必经之路。

1. 校验设备

校验系统是电工仪器仪表制造过程中最主要的装备,它发展的主要方向是:①节能,提高能源使用效率,SPWM 技术将成为今后校验用测试电源的最主要发展方向,能源的使用效率将逐步提高到 95%以上;②环保,具有良好的电磁兼容性;③高负载能力与负载适应率;④寿命长;⑤采用专家系统,基于总线技术构架调校自动化系统平台,提高校验装置的自动化水平、可升级性与通用性。

2. 现场模拟技术

电工仪表中的主要测量与控制对象是电网,而电网具有结构复杂、电磁环境恶劣而多变等特点,在对产品的可靠性等带来影响的同时,由于被测对象的瞬变特性和产品的定标条件的差别,或多或少的影响到测量准确度;而低压电力线载波通讯的载体就是电网,抄表数据的可靠性与成功率难以保证,是目前载波抄表遇到的主要问题,经过多年的研究表明这主要是电网环境造成的;解决以上问题的关键是需要一个能模拟电网运行环境的设备。

现场模拟技术是通过专用装置模拟仪表的工作现场,在实验室中为研究、制造及检验提供能充分反映使用现场情况实验环境,真正提高产品的环境适应性与可靠性,是今后仪器仪表产品试验设备发展的主要趋向之一。

六、结束语

在电工仪器仪表市场竞争日益加剧的新形势下,众多国外电工仪表厂商看好中国市场,纷纷在我国建厂或寻找经销商,开发中国市场。像兰吉尔这样的世界著名厂商已把研发与生产基地建到了中国,使国内市场品牌竞争国际化的特征日渐明显。在这种情况下,我们唯有采取积极态度,加速科技创新及国际标准化进程,以可靠的质量和对用户负责的执著精神,努力塑造企业新形象,使整个行业由大变强,得到健康的发展。前面已经提到由于电子式电能表的特点更利于发挥自身的优势,而且我们已经在中、低端产品的技术开发水平与生产中处于主导地位,只要在高端的技术创新与质量保证方面加大力度,就可使中国的电工仪表产业在做大的基础上做强。优胜劣汰,推陈出新,改变产业产品结构,从根本上提高产业水平和素质,是进入国际先进行列的必由之路;这不仅有利于电工仪器仪表本身的发展,对实现产业的规模化、国际化进程将产生积极的影响,对拉动中国仪器仪表产业的进步都有着深远的意义。

参考文献

[1] 全国电工仪器仪表生产力促进中心,中国仪器仪表行业协会电工仪器仪表专业协会著. 中国电工仪器仪表行业发展报告. 2005.

[2] 2005 年电力仪器仪表行业分析报告. 塞尔资讯,2006.

[3] 张明远. 中国电能表市场的现状和发展趋势. 电工仪表与共用表计行业信息,2005,(3).

[4] 赵伟,曲正伟. 面向资源共享与协作的仪器设备网络//2006 第十三届国际电磁测量技术、标准、产品研讨会论文集,2006-10.

[5] 张春晖. 2006 年以来电子式电能表产业技术发展概论//2006 第十三届国际电磁测量技术、标准、产品研讨会论文集,2006-10.

[6] 李芬. 浅谈基于 GPRS 的电能计量遥测系统的安全策略. 电测与仪表,2004,(8).

[7] 杨晓科,张仲怀,金维宇等. 谐波下的电能计量及电能质量分析方法. 电测与仪表,2004,(8).

[8] 林志一,陈希武,周秀英,周兆经. 采用小波变换的功率测量方法. 计量学报. 2003,24(1):52~55.

[9] 王学伟,高朝,张旭明. 高准确度、宽频带 90°数字相移网络的设计. 电测与仪表,2004,(11):36~38.

[10] 马祖长,孙怡宁,梅涛. 无线传感器网络综述. 通讯学报,2004,(4).

[11] 韩鸿泉,朱红松,孟军. 无线传感器网络技术. 计算机系统应用,2005,(2).

[12] 张春晖. 在线电能表更新工程与产品差异化设计//2006 第十二届中国电工仪器仪表发展论坛暨展会论文集,2006,4.

[13] 邓少军,张振川. 电能质量检测设备的发展. 电测与仪表,2005,(5).

[14] 卢树峰. 关口电能计量装置的现状分析与思考. 电测与仪表,2005,(8).

[15] 李文俊. 电子式电能表可靠性探讨. 2006 第十三届国际电磁测量技术、标准、产品研讨会论文集,2006-10.

[16] 2004 年生产经营指标完成情况统计汇总资料. 中国仪器仪表行业协会电工仪器仪表分会. 全国电工仪器仪表行业,2005-3.

[17] 2005 年生产经营指标完成情况统计汇总资料. 中国仪器仪表行业协会电工仪器仪表分会. 全国电工仪器仪表行业,2006-3.

[18] 2006 年 1~6 月份生产经营指标完成情况统计汇总资料. 中国仪器仪表行业协会电工仪器仪表分会. 全国电工仪器仪表行业,2006-9.

撰稿人:张明远　任殿义

电子测量与仪器技术领域

一、电子测量与仪器技术领域概述

电子测量是测量技术的基础和重要的组成部分，是指利用电子技术进行的测量，在电子测量中使用的仪器称为电子测量仪器，主要测量以电参量形式所表示的各种被测对象。电子测量仪器被广泛应用于自然科学的各个领域，随着信息技术的迅猛发展和广泛应用，加速了推动人类社会从工业化社会向信息化社会过渡的进程。现代信息技术包括信息的获取、检测、变换、存储、传递、处理、显示、识别、控制和利用等多学科领域的研究与应用内容，其中测量技术已成为信息技术的源头和关键技术，在国民经济发展和国防现代化建设中发挥着重大的作用。

电子测量仪器是电子测量的直接实现设备，按照不同的测量特点也有不同的分类方法。现代电子测量仪器融合了微电子技术、计算机技术、通信技术、网络技术、新元器件新材料技术、现代测试技术、现代设计制造技术和现代工艺技术等，是现代工业产品中新技术应用最多、最迅速的产品门类。目前电子测量仪器的发展主要体现在通用电子测量仪器、微波毫米波测量仪器、通信与网络测量仪器、虚拟仪器、网络化仪器以及基于电子测量仪器的综合测试与故障诊断系统等方面。

二、国外在电子测量与仪器技术领域的研究与产业进展现状

1. 通用电子测量仪器

通用电子测量仪器是常规测量设备，在电子测量仪器中占有重要的地位，在市场需求量中占有很高的比例，也是各仪器生产国家的主要产品。通用电子测量仪器主要有数字电压表(多用表)、信号源、数字(或模拟)示波器、频率计等。目前，国外产品在国内市场上主要以高端电子测量仪器为主，主要厂商的产品情况如下：

数字万用表：美国 Fluke 公司和美国 Agilent 公司主要有手持、台式及 VXI、PXI 总线的数字万用表产品，占据高精度数字多用表的绝大部分高端市场。

信号源：包含函数发生器、射频信号源、微波信号源以及矢量信号源。国外信号源的生产商主要是美国 Agilent 公司、德国 R/S 公司和日本 Anritsu 公司。美国 Agilent 公司在 2005 年 12 月推出 E8257D 模拟信号发生器，频率范围已达到 67GHz，带有毫米波信号源模块的高达 325GHz，可达到 0.001 Hz 的频率分辨率。

示波器：示波器包含模拟示波器、数字示波器、取样示波器以及带有特殊测量功能的示波器。示波器的主要生产厂商是美国 TEK 公司、美国 Agilent 公司、美国 LeCory 公司和日本的 YOKOGAWA(横河)公司。其中美国 TEK 公司的 TDS6000B/C DSO Series 数字示波器 TDS6154C，带宽 15 GHz，双通道采样率 40 GS/s。美国 Agilent 公司的

DSO80000B系列超高性能示波器，具有2～13GHz的可升级的带宽、4通道采样，使用1或2个通道时高达40 GSa/s。这些公司的示波器品种齐全，操作方便，在示波器领域占有重要地位。

2. 微波毫米波测量仪器

微波毫米波测量仪器是从事电磁场与微波技术科研、生产和教学不可缺少的重要手段。微波毫米波信号的测量包括功率、频率、波形、频谱和噪声测量，主要产品包括频谱分析仪、网络分析仪、信号发生器、频率计和噪声系数测试仪等。由于微波毫米波测量参数的特殊性，目前微波毫米波测量仪器大量采用了各种最新技术，如频率合成技术、宽带扫描技术、数字程控技术、取样技术、嵌入式系统技术等，使这类测量仪器的动态范围、测量精度、智能化程度大大提高，微波毫米波测量仪器的研发能力和应用水平已成为代表一个国家科技水平的重要标志。目前，国内近90%的市场由国外生产厂家占据，仅美国Agilent公司就占据了40%多的市场，主要厂商的产品情况如下。

频谱分析仪　频谱分析仪作为射频和微波的频域分析仪器有着广泛的应用，美国Agilent公司的E4448A PSA系列频谱分析仪，频率范围：3 Hz～50 GHz；德国R&S公司的FSU频谱分析仪，频率范围：20 Hz～50 GHz。

网络分析仪　网络分析仪包括标量网络分析仪和矢量网络分析仪，作为测量多端口器件最有力的测量仪器，网络分析仪在计量、科研、通信器件生产厂有着广泛的应用。美国Agilent公司的PNA毫米波网络分析仪系统（N5250A）系列，频率范围：10 MHz～110 GHz，动态范围：116 dB。

信号发生器　用于微波毫米波测量的信号发生器要求能提供数字调制信号，如美国HP公司的HP ESG－D系列信号源，其最高频率为4GHz，内置一个宽带的正交相位调制器，它能提供的调制信号有频移键控（FSK）、正交相移键控（QPSK）等。如配上选件H97，能实现话音传输速率为4.096MHz的正交相移键控，可用于宽带CDMA系统测试。为了提供更复杂的调制信号，美国HP公司最近公布了HP E2747A/48A基带矢量波形发生器，其内部使用专用的数字信号处理器，输出波形可根据输入的信号参数来确定。

3. 通信与网络测量仪器

通信与网络系统的测试包含了从模拟到数字，从低频到微波，从用户信息到信令、协议，从系统质量测试到网络监视和管理，在测试过程中所需测试的参数、功能种类很多，不可能用一种仪器来完成，必须分类测量。因此，通信与网络测量仪器根据测量的要求可分为光纤通信测量仪器、无线通信测量仪器、数字/数据传输测量仪器和计算机网络测量仪器。

美国HP公司的HP 8924E移动通讯电台测试仪能完成手提电话或移动通信基站的所有测试任务，其频带为30～1 000 MHz和1 700～2 000 MHz，并能做传输方式（CDMA）的测试。Wavetek公司4 400 M GSM移动电话测试仪能在信道切换时，同时测试全球通信系统（GSM）的接收机和发射机。功率测试精度为±0.6 dB，信道切换范围可有3～4个信道，它每秒能完成高于20次的功率测量。

4. 基于VXI、PXI测控总线的虚拟仪器

自从VXI总线标准公布以来，国外VXI技术发展很快，对测量仪器发展方向的影响具有导向作用。目前，全世界有近400家公司在VXIbus联合会申请了制造VXIbus产品的识别代码(ID号)，其中大约70%为美国公司，25%为欧洲公司，亚洲各国仅占5%。在大约1 300多种VXI产品中，80%以上是美国产品，其门类几乎覆盖了数据采集和电子测量的各个领域。尤其是军用测量仪器与测试技术采用VXI技术已成为一种发展趋势。

美国HP公司近年来在VXI仪器领域发展迅速，推出了多种先进的VXI模件产品，如：高精度数字多用表、数字化示波器、任意波形发生器、数字信号分析处理器、射频多路开关、微波多路开关、矩阵开关等。能完成各类模拟量、时间量、数字量和开关量的测试和控制。这些模件能组成用户所需的各类系统(包括分布式系统)，完成各种测量和控制要求。而且也为美国国防工业和三军服务，有些HP的VXI总线产品的指标与军标极为接近。

美国TEK公司最近推出的VXI数字化仪可提供16个通道，每个通道都是可程控的。该公司还推出了两种军用模件：VXI4469A、Arin629通信规程分析器，用于检测控制设备误差；VX4457是智能型总线监测器，具有逻辑分析能力，能截止间歇性误差，提高设备的可靠性。

美国Agilent公司能提供从VXI机箱、内置VXI控制器、VXI总线O槽接口模块，各种VXI功能插卡和VXI总线系统开发及控制软件(HPVEE)的全套完整系统部件。目前，Agilent的VXI的总线系统已经在国防工业、航空航天、汽车、通讯产品、家用电器、系统服务等各行各业中得到广泛应用。

美国NI公司在VXI领域专门致力于VXI仪器系统控制技术的开拓，使之在VXI仪器系统控制产品市场始终处于领先地位。在为VXI仪器系统控制的3种不同配置(嵌入式、GPIB、MXI)提供完整的硬件和标准化的软件产品方面，NI公司处于领先的地位。

PXI已成为继GPIB(IEEE488)之后成长最快的标准化技术。无论是生产厂家数量、产品种类和数量，还是系统应用的数量都有大幅增长，越来越多的项目转向PXI解决方案。根据Frost & Sullivan 2005年度的调查，PXI市场的增长速度远高于VME/VXI，以及测试测量行业的平均值。随着Intel PCI Express总线的推出，PXISA在2005年第三季度正式推出了PXI Express的软硬件标准，通过在背板使用PCI Express的技术，能将带宽提高了45倍，从原来PXI的132 MB/s提高到现在6 GB/s；同时保持了和原来PXI模块在软硬件上的向后兼容性。与此相适应的是PXI产品的性能也得到了显著的提升，如数据采样速度已经达到2 GHz，测量精度提升到了7位数字，射频测量带宽也达到了3 GHz。而且PXI的性能(如测量速度和精度等)还在不断地提高。

美国NI公司近年来推出的新产品主要有：首款双核PXI嵌入式控制器PXI－8105，该产品具有2.0 GHz Intel Core™ Duo处理器T2500，相比同一处理器时钟速率的单核PXI控制器，最新的双核控制器将多线程应用的性能提高了100%。业界首款图像采集模块NI PXI－1428可用于高速图像采集的32 MB图像缓冲，而且还有用来控制照相灯光并与其他自动化设备进行通讯的高级触发功能。可变分辨率数字化仪PXI－5922能在15 MS/s 16位到500 kS/s 24位的范围内进行采样。

5. 网络化电子测量仪器(LXI 仪器)

美国 Agilent 公司和 VXI 科技公司共同合作,于 2004 年 9 月提出一种新型仪器接口规范,全称为 LAN—based Extensions for Instrumentation(局域网技术在仪器领域的扩展),简称 LXI。它基于著名的工业标准以太网(Ethernet)技术,扩展了仪器需要的语言、命令、协议等内容;它集台式仪器的内置测量科学及 PC 标准 I/O 连通能力和基于插卡框架系统的模块化和小尺寸于一身,构成了一种适用于自动测试系统的新一代模块化仪器平台标准。

2005 年 9 月 LXI 联盟发布 LXI(LAN 的仪器扩展)标准 1.0 版本,标志着测量仪器的新一代开放总线标准的到来。LXI 标准继承 VXI、PXI、GPIB 三种开放式总线的优点,与 PXI 和 VXI 标准相比,采用 LXI 技术的测试设备无需复杂的专用插卡,仅采用网线和 Hub 就可以与 PC 相连,模块化的设计方法可显著减小设备体积,LXI 结合了架迭式仪器的 PC 标准 I/O 连接以及卡槽式系统的模块化特性,能满足航天、国防、汽车、工业、医疗和消费性电子市场开发电子产品的需求。

2006 年第一季度首批通过 LXI 认证的产品推出,现在 LXI 联盟成员数量为 49 家公司,已有 152 种产品通过 LXI 标准认证。Agilent 公司在 Agilent 34 401 A 的基础上,推出了 34 411 A 和 34 405 A 数字多用表/数字电压表。在模块化测试设备方面,推出了 600 W 和 1 200 W 的超薄型模块化电源系统。

另外,罗德与施瓦茨公司推出的高端的信号发生器 R&S SMU200 A 和 R&S SMJ100 A ,符合 LXI C 级标准。该信号发生器是罗德与施瓦茨公司第二批符合 LXI 规范的仪器。2006 年 3 月,R&S FSQ、R&S FSU、R&S FSP 和 R&S FSL 成为世界范围内首先获得 LXI C 级标准认证的频谱分析仪。

6. 综合测试系统及故障诊断技术

综合测试系统及故障诊断技术其发展趋势是检测和故障诊断的自动化与智能化。美国在综合测试系统及故障诊断技术领域处在领先地位,在 20 世纪 80 年代中期制定了"通用自动测试设备(GATE) "计划,其目的是在军用领域实现标准化、系列化并建立标准化的自动测试设备(ATE)硬件和软件测试平台。该计划分别由美军陆、海、空三军组织实施。目前,美国三军已分别提出了各自的测试标准,这些标准均体现了开放系统的设计思想,并采用较为成熟和先进的商用标准和技术,在保障诸作战系统完好性、出勤率等方面发挥了重要作用。

目前,美国在新研制的联合攻击机(JSF)项目上采用了预测与状态管理(Prognostics and health management ,PHM)系统,具备很强的机上故障诊断与测试能力,通过故障预测、诊断、检测和隔离,可以对故障的任务影响做出评估,实现飞机系统的在线实时监测诊断、离线诊断、远程诊断、维修诊断相结合的一体化综合诊断体系结构。实现在机载内部测试设备(BIT)的基础上完成飞行状态的全方位实时监测、故障检测和隔离以及故障预测,为实现系统重构提供信息,同时将诊断结果传输给地面诊断维修系统,实现了故障的早期预测和快速准确诊断,将诊断信息直接用于维修和保障系统,实现预测维修和自治后勤。

美国NASA喷气推进实验室近几年开发了一项提高飞行器安全性和经济性的新技术——基于信标的多任务异常分析(BEAM)。可以为任一复杂系统(如智能航天飞机、先进的飞机和过程处理系统等)提供实时自主式诊断和预测。它具有两个出众的特征:①具有广泛的适用性,BEAM几乎可以检测和预测任何被测系统的故障;②可以检测,并在大多数情况下可以解决过去未知的或不能训练的异常问题。BEAM方法属于故障诊断技术领域的前沿技术,与现有的故障分析工具相比,代表了重大的技术改进,BEAM已在美国航天飞机主发动机中获得应用。目前,BEAM方法正被应用于美国在研的联合先进攻击机F-35(JSF)上,作为实现该机故障预测和状态管理(PHM)系统的一项关键技术。

法国从1991年开始推出新一代自动测试平台——ATEC6和SESAR3000系列,它们最大的成功之处是:采用了国际测控领域流行的VXI总线硬件结构和SMART标准体系,具有标准化、模块化、通用性和开放性特点。ATEC6和SESAR3000系列通用测试平台基本上涵盖了法国所有军用战斗机、坦克、导弹、武装直升机的测试,实现了多种型号在一个平台上的横向集成测试、军民两用和三军通用的发展目标。

三、国内在电子测量与仪器技术领域的研究和产业进展情况

1.通用电子测量仪器

近年来,国内在通用电子测量仪器的研究和生产中取得了显著的进步,国内厂家生产的中低端产品,如信号源、示波器、频率计、多用表等产品已占据大多数的国内市场,国外同档次的产品正逐渐退出。同时,在部分高端产品方面也有明显的突破。如北京普源精电科技有限公司的DS1000及DS5000系列数字示波器最高采样率达到1GS/s,存储深度1MB,产品已经成功销往42个国家与地区。信息产业部电子第41研究所也有类似仪器,但市场占有率较低。

2.微波毫米波测量仪器

随着我国新体制电子信息系统和新式武器装备的发展,为了适应我国的急需,信息产业部电子第41研究所已成功研制成高水平的矢量网络分析仪,并实现了系列化,有十多个型号可供用户选择,包括同轴和波导校准件在内的测试附件齐全,配套性强,能够满足不同层次用户的测试要求,其频率范围可在0.0003~110 GHz内选用。国产矢量网络分析仪的研制成功,使我国矢量网络分析仪的设计和制造水平跨入了世界先进行列,成为继美国之后世界上第二个掌握此项技术的国家,产品的技术水平和品种可以与国外同类产品相媲美。

信息产业部电子第41研究所新研制的宽带微波毫米波频谱分析仪,能以同轴方式直接覆盖从30 Hz~40 GHz/50 GHz的频率测量范围,可对调制信号、谐波失真、三阶交调、激励响应、脉冲射频信号、相位噪声等多种类型的信号进行测量与分析。

信息产业部电子第41研究所研制的AV1488型宽带合成扫频信号发生器可以以同轴方式实现从射频一直到6 mm波段的超宽频域覆盖,产生高精度、快速连续可调的测试信号,具有优良的相位噪声且频率范围宽、频率分辨率和准确度高、输出功率高、动态范围大,另外还具有程控、扩频功能。

信息产业部电子第41研究所与西安电子科技大学联合研制的AV3011A型微波大功率自动调配器可广泛应用于采用负载牵引测试技术对被测微波网络的矢量阻抗以及大功率状态下微波器件、部件组件、分系统或系统的多参数进行综合测试领域，通过与其他设备组成综合测试系统，能够快速、准确地测量出T/R组件、振荡器、各种发射/激励源的输入/输出阻抗、提取噪声参数、非线性互调失真等复杂参数值，是雷达、电子侦察与电子对抗、航空航天、卫星通信、大功率电子反射/干扰机等尖端军事电子系统的研制和生产过程中必不可少的测试设备，综合性能指标达到国外同类产品的先进水平，填补了国内相关领域同类产品的空白。

3.通信与网络测量仪器

通信与网络测量仪器是对通信终端设备和通信网络设备的科研、生产、试验和运营管理全寿命周期的各种定量、定性参数进行分析评定的重要设备，涉及语音、报文、数据、图像信息的采集、信元和信道编码与调制、传输媒质、解调与解码、信息分析与处理、信令与协议等设备和产品的测试与分析评价问题。

近年来国内通信与网络测量仪器发展迅速，虽然在高档测量仪器方面我国尚不能完全解决，但在用于现场测试与维修的成套仪器方面，国内已做出了较好的成绩。如基于我国自行提出的TD—SCDMA标准，天津德力公司推出了DS8821Q数字电视频谱分析仪、DS1191数字电视综合分析仪、DS1883Q数字电视场强仪、DS9000码流分析仪等产品，还有DS768这类的机顶盒专用测试设备。凭借着中国自建标准的优势，湖北众友公司和北京星河亮点通信公司还分别成功开发出了ZY800系列和SP6010 TD-SCDMA终端综合测试仪，支持全部TD-SCDMA下行物理通道、完整的信号流程和功率控制，适用于TD-SCDMA终端设计、研发、生产、认证和维修等领域。另外，信息产业部电子第41研究所也于今年推出了AV4943型TD-SCDMA终端综合测试仪。该综合测试仪主要应用于TD-SCDMA终端生产线，根据3GPP TS 34.122规范规定的测量项目完成对终端的射频一致性测试，并对终端所有关键性能指标进行全面测试。不但能够精确测量终端的各种物理层指标，还可模拟基站、RNC和核心网的信令功能，测试终端在各种不同状态下的性能指标。

南京新联电子设备有限公司已经研制成10 Hz～2.5 GHz的调制域分析仪，达到国外同类产品的水平，填补了国内空白，为我国跳频领域的电子设备和军事装备提供了低于国外价格1/3～1/2的测试手段。

信息产业部电子第41研究所与海信集团共同研制出了数字电视全部4个层次上的测试仪器，能解决所有通用协议分析外以及物理层的各种指标的测试，这无疑将对中国数字电视产业的发展起到很大的推动作用。

信息产业部电子第41研究所近年来最新推出的AV6413高性能微型光时域反射计，适于野外作业，广泛应用于光纤光缆生产、施工和维护中的光纤损耗特性测量以及光纤故障的定位。

信息产业部电子第41研究所研制的AV6334型光功率计可进行宽动态范围、高精度光功率测量、高分辨率的损耗测量和稳定度测试，可组成自动测试系统，广泛用于光通信设备、光纤、光无源器件的测试。

4. 基于 VXI、PXI 测控总线的虚拟仪器

我国自动测试领域专家、学者自 VXI 技术问世以来，就以极大的兴趣密切关注着其发展动向，并得到了有关部门的大力支持，航天总公司科技部从“八五”计划开始就安排了 VXI 技术研究和攻关课题。目前，以航天测控公司、哈尔滨工业大学、上海航天局 809 所、北京交通大学、电子科技大学、西安电子科技大学等国内一批科研机构和高等院校为代表的 VXI 技术跟踪、研究和开发单位，已从概念研究转向实用性开发和产品研制，并取得了一些重要成果。近年来，我国在航空、电子、汽车、通讯等许多行业也都已开展了 VXI 技术研究或应用，并成功地将 VXI 技术用于多种自动测控系统。特别是在航空航天领域，我国的 VXI 技术和产品的研制、开发和应用水平又上了一个新台阶。

北京航天测控公司已经在军用和民用测试控制领域取得了较大的成就和较高的业内知名度。在系统集成、产品开发、软件设计等方面都积累了丰富的经验，已开发和研制出 200 多种、100 多套 CAMAC 系统和模块，16 大类 200 多种 VXI/PXI 总线系列产品及配套附件，先后完成了包括“神舟”飞船及国防“杀手锏”武器测控系统等各类 VXI/PXI 系统集成项目 100 多套。研制生产的部分产品打破了国外对我国的垄断、禁运和封锁，填补了国内空白，为我国国防装备测试与保障装备的国产化和自主保障作出了贡献；为石油、化工、电力、轻工、钢铁、铁路等民用工业领域提供了大量高性价比的测控产品。

成都纵横科技公司长期致力于自动测控系统的研发生产和 ATE 集成业务、硬件平台和软件平台的研发，是中国 VXIbus 产品最大的供货商和测控系统集成商，也是中国首批获得国际 VXI 联盟 ID 号的会员单位之一。产品广泛应用于航天航空、兵器工业、电子工业、核工业、船舶工业、交通能源、科研院所等行业及领域。主要产品有各种 C 尺寸 VXI 机箱等产品和包括任意波形/数字信号发生器模块、高精度并行数据采集模块、离散量信号输入模块等在内的 VXI 模块产品。

陕西海泰公司推出了可广泛应用于航空航天、军事等需要高速数据采集的 HTVXI4432A 高速数据采集卡模块和 HTVXI4442 同步采集卡模块等。

PXI 技术在中国的发展还只是刚刚起步，但是国内在 PXI 技术领域的进展和研制开发的产品都有较明显的进步。

北京航天测控技术开发公司历经两年时间研制出了 20 余种 PXI 总线高性能虚拟仪器模块，其中有 AMC4311PXI 总线五位半数字多用表、AMC4405PXI 总线 16MHz 任意波形发生器模块、AMC4320PXI 总线 200MHz 2 通道并行 12 位数字存储示波器模块、AMC4505PXI 总线 32 通道高速图形 I/O 模块、AMC4323PXI 总线 24 位 32 通道高精度 DELTA－SIGMA ADC 模块、AMC4321PXI 总线 100KHz 16 位 32 通道扫描 A/D 模块等高性能产品，也有 PXI 总线继电器开关类、数字 I/O 类、通讯类、模拟量输出类产品，其中五位半数字多用表、200MHz 2 通道 12 位数字存储示波器、30MHz 32 通道高速图形 I/O为国内领先。

成都纵横公司也推出了高性能的 JV5850x PXI/CPCI 机箱和 10MSPS、20MSPS、40MSPS、50MSPS 的并行数据采集模块。

陕西海泰公司也推出了 HTPXI4900 外挂式零槽控制器 HTPXI 系列机箱、HT-PXI1012 十二槽箱、HTPXI 系列机箱 HTPXI1008 八槽机箱和 HTPXI 系列机箱 HT-

PXI1004 四槽机箱等。

值得说明的是，中国台湾凌华科技公司目前也正专注于制造业自动化测试系统的需求，是 PXI 领域少数几家能独立研发生产 PXI 控制器、PXI 机箱、PXI 外围卡的厂家，该公司生产的 PXI 控制器及外围模块不但提供 Windows 驱动，还支持 Linux，这是该公司不同于其他公司产品的独特之处。2004 年该公司推出了具有 14 位分辨率、两通道采样率为 65MS/s 单通道采样率为 130MS/s 和 30MHz 带宽的 PXI－9820 数据采集模块，2005 年推出了具有 500MS/s 采样率，250MHz 带宽的 PXI－9710 高速数字化仪，可应用于军用雷达、信号捕获及数字广播信号接收等测试需要。

未来，PXI 发展将会更加快速，并不断扩展到更多更新的模块化测试测量领域。

5. 网络化电子测量仪器(LXI 仪器)

作为测试系统发展的未来，以太网将扮演重要的角色。LXI 仪器模块化平台标准将 PXI 和 VXI 的体积小、LAN 的高吞吐率以及 GPIB 的高性能集成在一起，同时又采用 IEEE－1588 网络时钟同步协议很好地解决了同步触发的问题，继承了 VXI、PXI 仪器背板触发的优点，从而可以很好地满足测试系统构建的要求，尤其在远程分布式测试与故障诊断应用中将发挥非常显著的作用。2006 年 9 月中国电子测量与仪器分会联合全国有关单位和个人组建了中国 LXI 总线联合体，沟通 LXI 的研究、制造和应用诸方面的信息交流，并与国际 LXI 联盟建立联系，搭建国内外技术合作的平台并组织各种学术活动，顺应国际国内的潮流，以最快的速度，最高的效率，将国际最新的技术标准引入国内电子测量仪器行业，促进我们自动测试技术及系统的发展。目前，国内还处在刚起步和研究学习阶段，技术研究还主要是以西安电子科技大学、电子科技大学等高校为主，LXI 仪器的研究还主要是以 C 类仪器为重点，还没有正式的 LXI 仪器产品上市。

6. 综合测试系统及故障诊断技术

近年来我国在综合测试系统及故障诊断技术领域取得了明显的进步和发展，从全盘引进、仿制到自行研制开发，取得了较大的成绩，已成功研制出多种综合测试与故障诊断系统，并广泛应用于航空航天、工业生产和军事装备，在航空测试领域，采用综合测试与故障诊断系统对某系列先进战机火控系统、机载电源、机载雷达、机载计算机、翼下武器挂点等设备进行故障检测。不仅解决了因一线部队技术力量薄弱而造成对机载火控系统技术保障的困难，也为提高部队现代高技术条件下局部战争的快速抢修、应急修理和机动保障能力，尽快恢复、持久保持机载火控系统的综合战斗力，提供了一定的研究思路和发展途径。

在我国的航天测试领域，为了保证运载火箭、卫星、载人飞船的测试需求，自主研制开发了各种综合测试设备与故障诊断系统，不但保证了地面静态与动态测试的需要，还很好地实现了空中在线实时监测、故障检测和隔离以及故障预测，同时将诊断结果传输给地面诊断维修系统，实现了故障的早期预测和快速准确诊断，是我国在该领域具有自主创新意义的重要代表。

四、电子测量与仪器技术领域今后发展的主要方向

随着电子测量仪器的应用领域不断扩大，仪器功能逐渐增强，主要体现在通用化、智能化、小型化、高精度、高性能、多功能、易使用、模块化、网络化、系统化的发展方向上。

1. 技术性能指标不断提高

电子测量仪器的技术性能指标水平是一个国家科技综合实力的重要体现，今后的测量将以技术性能指标的不断提升成为该领域的重要特征，要求测量仪器能够提供更大的动态测量范围，更快的测量速度，更高的测量精度，更好的人机界面和操作环境，具备远程测量、控制和检修能力。

2. 大量采用高新技术和新的设计理念

由于以信息技术为代表的高新科技的飞速发展，使电子测量仪器的工作原理、设计思想、设计方法、制造工艺发生了明显的变化；信息论、控制论、系统工程理论已成为指导新型测量仪器和测控系统设计与应用的重要理论基础；微弱信号提取技术、计算机系统结构和操作系统技术、软件无线电技术、网络技术、通信技术、激光技术、超导技术、纳米技术、大规模集成电路技术也是该学科领域发展的重要动力。

3. 智能化技术将成为测量仪器的重要特征

智能化技术对电子测量仪器具有十分重要的推动作用，目前和今后的都将测量仪器的智能化水平作为主要的技术衡量标准，主要体现在以下几个方面：

(1)测量仪器的通用化功能：现代电子测量仪器将打破传统电子仪器的功能和用途限制，充分发挥软硬件功能，使仪器的通用性得到充分的体现。可根据测量与控制的需要，通过改变软件就可以改变测量与控制电路的功能，改变显示形式和内容，增加测量种类，增加多媒体、网络通信、自诊断等新功能，使得一台仪器可以实现多种仪器的功能，呈现出多功能、多用途的明显特点。

(2)测量仪器的模块化功能：模块化设计将是现代电子测量仪器设计的一个重要设计准则，现代化的电子测量仪器在研制和开发中要求以功能需求为核心，采用功能模块化设计技术，对仪器功能可实现现场配置或者短期快速配置，能很快支持新功能模块，减少系统开发周期，降低系统开发难度，同时为系统的升级换代提供技术支持，也为开发周期中的系统调试提供便利可靠的环境。

(3)测量仪器具备多样化的接口和通信功能：现代电子测量仪器在嵌入式软件系统和强有力的用户图形接口(GUI)配合下，具备多样化的接口和通信功能，可为用户提供智能化程度更高，更具人性化的显示界面支持；由于电子测量仪器在组建综合自动测试系统和网络型综合测试系统技术上的需要，为仪器配置了各种常用的通信接口，为分布式测量仪器的发展提供了强大的网络基础。

(4)测量仪器的高性能、自适应、便携化功能：现代电子测量仪器在设计时就以高性能、自适应、便携式为主要设计指标，采用集成了大量先进的高端技术和应用模块的低功耗、高性能的微处理器、DSP(数字信号处理器)和 FPGA(现场可编程大规模逻辑器件)。

可对测量结果自动进行自适应处理和显示，对用户选择的工作模式进行识别并处理，自动切换量程，自动适应测量参数。

(5)电子测量仪器的网络化功能：随着互联网的发展，直接利用现有网络可传输任何数据信号且协议公开，任何标准浏览器均可在线获得测试数据等特征的网络化电子测量仪器是今后发展的主要特征之一。

4. 综合测试系统及故障诊断技术将进一步扩大应用领域

综合测试系统及故障诊断技术今后将继续采用先进测控总线作为自动测试设备(ATE)和自动测试系统(ATS)的总线标准，注重综合和专用的有机结合，向小型化和通用化的软硬件平台方向发展；向设计验证、生产检测、诊断维修一体化、标准化方向发展；向开发高级测试语言、提高软件的质量、测试软件工程化、统一测试软件平台方向发展；

五、存在的问题及建议

中国科学院在《关于大力加强我国科学仪器自主研发和产业化能力，实施“张衡工程”的建议》中提出：“工业化的历史表明，谁掌握了科学仪器创新的主动权，谁就掌握了科学研究原始创新的关键手段，更重要的是，谁就具备了提升重大装备制造业尤其是其控制及操作系统创新能力的基础。因此，工业化国家早就认识到，在竞争中最能有效陷对手于被动的遏制手段就是使其丧失仪器设备的创新能力。”目前，我国在高端电子测量仪器的研究和制造方面与发达国家的差距明显，高性能电子元器件研究和生产基础薄弱，依赖国外产品情况严重，缺乏创新性的设计理念和技术方案，整机自主创新能力不足，应对遏制的能力脆弱。为此，建议国家从发展战略的高度制定仪器科学与技术学科的目标与措施，加强高性能电子元器件生产基地建设，加大预先研究和自主创新力度，完善产、学、研结合机制，培育专业人才，加强研发队伍建设，鼓励以企业为主体的创新投入，国家给予必要的扶持，培育龙头企业，培育具有国际竞争力的大型企业集团，以带动装备制造业的发展。

参考文献

[1] 汪晓东. 21世纪电子测量仪器及自动测试系统的新概念和新趋势. 电子测量与仪器学报，2005，19(1).

[2] 李锦林. 电子仪器市场分析及其发展现状. 国外电子测量技术，2005(4).

[3] 程广. 技术创新产品丰富，3G测试成为热点. 中国无线电，2005，10.

[4] 黄庆武. 我国微波测量仪器的现状与分析. 沿海企业与科技，2005，(4).

[5] 薛新红. 虚拟仪器技术的发展现状和前景展望. 现代测量与实验室管理，2006，(4).

[6] 姜双章，姜秋喜. 虚拟仪器技术及其军事应用. 尖端科技，2006，(3).

[7] 中国仪器仪表行业协会. 中国仪器仪表行业2005年运行情况和2006年发展展望，中国仪器仪表，2006，(5).

[8] 王蕾. 从2006年 PXI技术和应用论坛看PXI技术发展. 北京瑞赛科技有限公司测控技术杂志

社,2006.
[9] 刘宇丰.LXI总线技术特点及其在分布式测试与诊断系统中的应用研究.测控技术,2006.
[10] 万世豪.PXI技术发展与近况.凌华科技,2005,3. http://iidao.bokee.com/3115953.html.
[11] VXI介绍. http://www.vxibus.org/index.html[EB/OL]
[12] 秦云川等.测量仪器总线技术的发展与现状.中国仪器仪表,2005,(8).
[13] 刘鑫.Compact PCI/PXI关键技术的发展与应用.航天控制,2004,22.
[14] 陕西海泰电子有限责任公司.VXI总线技术概览,2005,2.
[15] 潘光斌.LXI新型总线技术及其发展.中国计量,2006,(5).
[16] 程嗣怡,肖明清,郑鑫.未来军用测试系统的发展前景.微计算机信息(测控自动化),2006,22.
[17] 贾志军等.外军ATE/ATS技术的发展趋势.计算机测量与控制,2003(11).
[18] 于劲松,李行善.美国军用自动测试系统的发展趋势.测控技术,2001,20(12).
[19] 杜鑫等.机载设备自动测试与故障诊断技术的发展.计算机测量与控制,2003,(11).
[20] 张连锋.某型飞机火控系统故障诊断测试仪的设计.航空计算技术,2006,3(36).

撰稿人:赵建

相关传感器

一、传感器技术和产业发展的基本状况及现状

传感器技术是涉及传感器机理研究与分析、设计与研制、性能评估与应用等的综合性技术，是一门多学科交叉的现代科学技术。传感器被定义为：能感受规定的被测量并按一定规律转换成可用输出信号的器件或装置，通常由敏感元件和转换元件组成。其中，敏感元件是指传感器中能直接感受或响应被测量的部分；转换元件是指传感器中能将敏感元件感受或响应的被测量转换成适于传输或测量的电信号部分。

现代信息技术的三大技术基础是信息的获取、传输和处理，即传感器技术、通信技术和计算机技术，它们分别构成了信息技术系统的“感官”、“神经”和“大脑”。因此，传感器技术是信息社会的重要基础技术，传感器是信息获取系统的首要部件。传感器技术已不再被视为制造产业的一个附属技术，而被公认为现代信息技术的源头。

20 世纪 70 年代以来，由于微电子技术的迅速发展与进步，显著地促进了通信技术与计算机技术的快速发展。与此形成鲜明对照的是，传感器技术发展相对缓慢，制约了信息技术的整体发展，被称为技术发展的瓶颈。这种发展不协调的状况以及由此带来的负面影响在近几年科学技术的快速发展过程中表现得尤为突出，甚至局部领域出现了由于传感器技术发展的滞后反过来影响、制约了其他相关方面的发展与进步的情况。因此许多国家都把传感器技术列为优先发展的关键技术之一，特别是技术力量强大的美国、欧盟、日本等国对传感技术都非常重视，投入了大量的人力、物力与财力，大力开展对传感器技术的研究工作。

（一）国外发展状况

1. 美国

美国国家长期安全和经济繁荣至关重要的 22 项技术中有 6 项与传感技术直接相关。早在 20 世纪 80 年代初就成立了国家技术小组，帮助政府组织和领导各大公司与国家企事业部门的传感器技术开发工作。美国空军 2000 年提出的 15 项有助于提高 21 世纪美国空军作战能力的关键技术中，传感器技术名列第二。

2. 欧盟

德国 80 项优先资助的计划中，两项为传感器的计划。其中，一项为微型化传感器，另一项为生物传感器。

代表欧洲国家在高新技术领域的整体研究趋向的计划有 29 个项目直接与传感技术相关。欧盟已经把传感器技术作为带动各领域技术水平提升的关键性技术来看待，而且在传感器技术的研究中非常重视传感器技术与其他高新技术的交叉研究。

3.日本

日本把开发和利用传感器技术列为国家重点发展六大核心技术之一。日本文部科学省制定的20世纪90年代重点科研项目中有70个重点课题,其中有18项与传感器技术密切相关。

(二)我国发展状况

我国传感技术的发展起始于20世纪50年代初期,当时以仿制前苏联的机械式或机电式传感器为主;60年代先后研制出应变元件、霍尔元件、离子电极;70年代初研制生产出一批新型敏感元件及传感器。1978年,研制成了扩散硅力敏传感器,之后,砷化镓霍尔元件、碳化硅热敏电阻等相继研制成功。80年代"敏感元件与传感器"列入国家攻关计划,研制出一批包括集成温度传感器、集成磁敏传感器以及薄膜和厚膜铂电阻、电涡流故障诊断等集成传感器。1987年当时的国家科委制定了《传感器技术发展政策》白皮书,1991年《中共中央关于制定国民经济和社会发展十年规划和"八五"计划建议》中明确要求"大力加强传感器的开发和在国民经济中普遍应用"。

"九五"期间,通过科技攻关,我国传感器领域水平得到较大提高。攻关所取得的主要成果有:① 工程化课题共计建成中试生产线11条,使18个品种75个规格的新产品形成一定规模的生产;②新产品课题开发力敏、磁敏、温度、湿度、气敏传感器的新产品共51个品种86个规格,90%开始小批量生产并供应市场,初步建立了敏感元件与传感器产业;③在共性关键技术课题自主开发方面,攻克了一批共性新工艺技术和批量生产技术,传感器的CAD技术、关键工艺技术、微机械加工技术、可靠性技术在生产中得到应用,使传感器的成品率普遍提高10%,可靠性水平提高1~2个等级。

"十五"期间,国家自然科学基金委员会和科技部都部署了传感技术相关的研究课题。全国已有近1 700家企事业单位从事传感器的研制、生产和应用,MEMS等5项新型传感器被列入研究开发的重点;国家计委决定从2002年开始组织实施的新型电子元器件产业化专项中有5项新型敏感元件与传感器已经启动。

(三)技术发展的基本状况及现状

早期的结构型敏感元件利用物质的机械尺寸或形状受外界环境引起的变化来探测外界物质世界的参量。1860年,发明了利用铜线圈电阻变化检测温度。随着电子技术的进步,出现了热敏电阻、热电偶、压电敏感元件等。20世纪70年代,微电子技术促进了各种半导体传感器的发展。80年代初期,出现了以半导体传感器与微电子电路集成为主要特点的集成传感器和智能传感器(Smart Sensor)。90年代开始,微电子技术的进步促进了微机械技术(MEMS)的兴起和发展。由于出现了大量新型的加工手段,使传感器微小型化、生产批量化成为主流。

1.加速度传感器

常用的加速度传感器是压电传感器,近年来,其工作模式已由压缩型发展成弯曲和剪切型。新研制的压电加速度传感器轻的重量小于0.1 g;低频、低 g 值、高灵敏度集成电路式压电加速度传感器具有极高的信噪比，可以检测距离高速公路 250 m 处汽车行驶而引起的地面震动。

1977 年 Stanford 大学首先采用微加工技术制造出了一种开环硅加速度计，并在 80 年代初形成商品；美国 AD 公司 1989 年开始研制叉指式电容加速度计的工作，现已形成系列产品，ADXL50 的量程为±50 g，ASDXL05 的量程为±5 g，分辨率为 10 mg；1990 年Draper Lab 采用扭杆支撑平板的结构，研制出整块式硅加速度计，零偏稳定性为 250 μg，标度因数为 7.3 V/g，重复性为 480×10^{-6}；瑞典 IMEGO 研究所报道了外形结构参数为 6 mm×4 mm×1.4 mm 的硅微三轴加速度计；1998 年美国 AD 公司公布了单轴 ADXL150 和双轴 ADXL250 微加速度计片。

近年来我国先后研制出扭摆式和梳齿谐振式微加速度计。加速度计量程：±35 g，偏值稳定性：0.5 mg，重复性：1 mg，标度：160 mV/g，抗冲击：1 500 g。

2. 力传感器

传统的力传感器在改善性能的同时也向多维力传感器方向发展，六维力传感器的研究和应用是多维传感器研究的热点，目前只有美、日等极少数国家能够生产。我国 1990 年国内研制成功了 SAFMS 型系列六维力传感器，其主要性能达到了国际先进水平。

力传感器开始从点的“测量”向“状态的识别”前进。1990 年日本铃木等人研制成 64×64元半导体压容嗅觉阵列，空间分辨力达到 0.25 mm，阵列密度 1 600tactels/cm^2。

3. 压力传感器

半导体压力传感器领域目前正开展多种新型弹性体结构的研究。微机械梁-膜结构压力传感器，有灵敏度高、线性好等特点，并有频响高、过压保护等优点。

近年来，微机械谐振压力传感器研究取得了较大的进展。英国 Druck 公司在 20 世纪 80 年代中后期就开始研制硅谐振式压力传感器。90 年代研制成高精度谐振式压力传感器，谐振器 *Q* 值达 20 000。用静电激振、拾振的方式，精度达 0.01% F.S 年，漂移小于 100×10^{-6}，测量压力范围是 0.5～3 000 kPa。斯伦贝格航空航天传感器分公司研制出的硅谐振梁式压力传感器采用静电激励、压敏电阻拾振，精度为 0.01%F.S，年漂移<100×10^{-6}，测压范围在 0.5～130 kPa 和 0.5～3 000 kPa 之间。日本横河公司采用选择性外延工艺和表面微机械工艺的牺牲层技术和内置谐振梁的真空腔技术，谐振器 *Q* 值高达 50 000，测量精度优于 0.01%F.S，温度系数小于 5×10^{-6}/℃。

4. 位移传感器

我国研制的威德曼效应位移传感器，精度 0.1%，稳定性 0.2%，测量范围宽（最大可达 30 m），非接触测量，适用于液压油缸内测试，耐油污、振动、冲击等恶劣环境。

我国研制出的气体倾角传感器可用于坦克、车辆、舰船、机器人倾角和姿态测量，具有抗冲击、成本低、线性度高及分辨率高等优点。测量范围为±5°～±45°，线性度 0.5%，分辨率 0.01°～0.1°。

5. 热学量传感器

铂薄膜温度传感器，具有体积小、质量轻、灵敏度高、价格低等优点。我国研制的薄膜温度传感器，薄膜厚 1 μm；研制的微型热电偶，可置于极小的测量空间中去作温度场的分布测量，响应时间不超过 1 ms，偶丝最小直径 25 μm，热端体积小于 1×10^{-4} mm^3，质量小于 1 μg。

除金属薄膜温度传感器外，国外正在研制 SiC 薄膜、金刚石薄膜及超导薄膜温度传感器。

6. 光学量传感器

红外焦平面阵列是红外传感器研究的前沿，它可用于导弹成像制导、高精度跟踪、夜视及侦察等，美国已研制出 256×256 像元混合式 HgCdTe 焦平面阵列，应用于中波红外。采用硅集成加工技术的肖特基势垒焦平面阵列已用于 1～3 μm 和 3～5 μm 波长探测，研制出 2 048×16 像元的阵列图像传感器。二维热成像传感器已发展到 4 096×4 096 像元的面阵，可获得清晰的二维图像。

光纤传感器技术除了继续开发新的品种外，正向阵列化、分布式光纤传感器技术的方向发展。

7. 化学、生物传感器

化学、生物传感技术从 20 世纪 80 年代以来发展迅速。酶电极是研制最早、也是目前应用最多的生物传感器。继早期的离子敏场效应管(FET)传感器之后，2001 年《科学》杂志报道了美国利用掺杂了硼的硅纳米线研制出的 FET 纳米传感器，可望用于蛋白质表达和医疗诊断。

8. 传感器网络

最早开始传感器网络技术研究的是美国军方。1978 年，DARPA 在卡耐基－梅隆大学成立了新一代分布式传感器网络工作组。近年来，美国政府、国防部和各军事部门都对传感器网络给予了高度重视，把无线传感器网络作为一个重要研究领域，针对军事和公共安全应用设立了一系列研究项目。美国自然科学基金委员会(NSF)于 2003 年制定了传感器网络研究计划，拨款额度达到 3 400 万美元。

在传感器网络方面，欧盟也投入了大量的研究力量。2002 年 3 月，欧盟投资 470 万欧元实施了为期 3 年的 EYES(能量有效传感网)计划，通过理论研究、原型样机开发和大规模组网实验，研究具有自组织和协作能力的移动、无线传感网所需的结构和技术。

我国的无线传感器网络及其应用研究几乎与发达国家同步启动。自 2001 年以来，国内很多科研单位和大学在无线传感器网络方面开展了研究工作，在器件、设备、系统和关键技术等方面取得了一些进展。同时，国内也开展了对无线传感器网络芯片的研发，并在国际标准化方面取得了进展。在我国中长期规划中多处强调传感网络及相关技术，并定位为龙网工程的组成之一。“973”计划、“863”计划和自然科学基金项目中均在最近两年设置了对传感网络相关技术的资助项目。

二、近两年来该专业领域科技、产业和产品的发展

(一) 国外取得的科技成果

近两年国外在传感器方面诞生了一大批优秀的科技成果和新产品，主要有：

1. 速度传感器

美国模拟器件公司开发出了可对角速度测定范围进行编程的单轴角速度传感器。测定范围可从±80/s、±160/s，±320/s3 种方式中选择。该传感器具有超过规定值时输出信号的功能，还可为此设置规定值。采用尺寸为 11 mm×11 mm×5. 8 mm 的 LIGA 封装。

2. 加速度传感器

日立金属研制了全球最小的 3 轴加速度传感器，外形尺寸为 2.9 mm×2.9 mm×0.92 mm，体积为 7.7 mm^3。日本冲电气工业开发出了可分别对加速度和地磁进行3 轴测定、输出被测机器的方位和姿态数据的单芯片方位传感器。

3. 压力传感器

VTI 公司推出了新型 SCP1000 系列压力传感器，准确性高、能耗低，可用在高度计中。该产品主要包括 3D-MEMS 绝对压力传感器单元、集成 ASIC、LDS-MID 外壳，其直径为 6. 1 mm，高度为 1. 7 mm，测量范围涵盖了 100 kPa 的大气压(SCP1000-D01)到 1 600 kPa (SCP1000-D02)的深水压。American Sensor Technologies 公司推出一种低成本、高质量 OEM 压力传感器——AST4100，具有精度高、使用寿命长等特点，适合空间受限场合使用，直径为 22.2 mm，可用于冷藏、测试台和数据记录仪。

4. 流量传感器

艾默生过程管理宣布新的技术突破——Micro Motion 流量计，提供了新一代科氏流量传感器。对于流量测量设备而言，识别和测量两相流(气体和流体)是困难的，并且常常会造成较大的测量误差或需要投资附加的消气器或流量整流装置。新的 MVD 技术和独特的科氏传感器设计提高了处理速度，该技术解决了精确测量含气流量(包括气泡流、浆液流和空一满一空批量)的应用难题。

5. 热学量传感器

近两年国外在热学量传感器方面也诞生了一批新产品。如韩国研究人员在绝缘体变导体技术的基础上，开发成功高性能热感知传感器；德国与美国合作开发了一种新型的数字式热辊温度传感器；Microchip 公司推出两款采用小型 SC－70 封装的新型温度传感器；美国国家半导体公司推出一系列高精度的远程二极管温度传感器，其特点是采用具有晶体管模式 beta 补偿功能的美国国家半导体 TruTherm 热能管理技术。

6. 光学量传感器

CCD 图像传感器正向小型、高集成度、高分辨率、高灵敏度以及低噪声和暗电流的方向发展。加拿大制造出了世界上第一片超过一亿像素的单片 CCD 感光元件，CCD 尺寸为 4in×4in(10. 16 cm×10. 16 cm)，像素数为 10 560×10 560，像素密度则为 9 μm。松下公司宣布完成单位像素尺寸最小的 MOS 图像传感器，有 200 万像素，每个像素面积只有 2 μm^2。日本东芝现已开始投产像素间隔 2. 2 μm 的 CMOS 图像传感器，该产品将广泛用于数码相机、手机等数码产品上。

7. 磁学量传感器

美国国家标准技术研究所(NIST)研制出了一个低功率的磁传感器,用于在磁场中检测极小的波动。这个米粒大小的设备能检测到50 picoteslas磁场的变化——弱于地球磁场100万倍,可用于手持精确导航装置,查找矿物质或石油的地形绘制装置以及检测未爆炸武器。

8. 生物传感器

日本开发出了可检测多酚以及儿茶素等抗氧化物质的传感器芯片,该芯片主要用于测定食品的抗氧化物质含量。西班牙研究人员开发出新型缩微DNA分析传感器。这种传感器的大小和厚度与指甲接近,而且能将分析DNA链的时间缩短到几分钟或几小时。

9. 传感器网络方面

美国、欧盟及日本等国家对传感器网络技术给予了高度重视,投入了极大的力量来进行研究,取得了一系列的成果。如日本研究出全球体积最小的传感器网络终端,可以搭载温度、亮度、红外线、加速度等各种传感器,通信距离在10 m左右,配备有8位微控制器。

(二)我国取得的科技成果

虽然我国的传感器技术与国外相比还有很大差距,近两年也取得了一些进展和突破,诞生了一些新产品。如碲镉汞红外传感器已用于我国风云系列卫星、海洋卫星以及神舟系列飞船。还有我国神舟六号载人航天器中也使用了一百余个国产传感器。具体有:

1. 硅微机械传感器技术方面

在微型惯性器件的MEMS加工工艺技术、封装技术等方面取得了突破性的进展,基本实现了微型惯性器件MEMS工艺小批量制造能力。实现了4英寸硅片上的高 g 传感器批量制造。该传感器的性能完全达到当前国际同类产品的先进水平。此外我国还研制成功了具有自主知识产权的硅电容式压力传感器。硅电容式传感器及硅复合传感器将大规模投入生产,两种产品及相关技术填补了国内该项目空白,将改变我国企业一直靠进口硅电容传感器的历史。

2. 谐振筒传感器系列化方面

经过多年的努力,我国在高性能谐振筒压力传感器的系列化方面取得突破,成功研制出精度优于0.02%FS的高温大压力谐振筒传感器和小型化谐振筒压力传感器,拓展了我国在高性能谐振筒压力传感器方面的技术优势。高温大压力传感器可以实现4 MPa,-55~165℃的压力测量,可用于航空发动机、火箭发动机压力调节系统等,实现压力的精确测控;小型化谐振筒压力传感器直径只有4 mm,传感器的体积不到常规谐振筒传感器的1/5,可用于我国新一代智能化、嵌入式航空机载大气参数测量系统。

3. 纳米生物传感器方面

研制出一种新型的电化学DNA纳米生物传感器。该生物传感器可在1~2 h内快速检测到约2万多个DNA分子,检测灵敏度达到10 fmol/L的DNA,超出常规荧光DNA检测方法约3个数量级。

首次利用多孔纳米固体研制出 ZnO 气敏传感器，成功解决了困扰传感器生产厂家多年的 ZnO 气敏传感器本征电阻过高和工作稳定性较差的问题。

4. 位移传感器

位移传感器研制取得进展，其中水下位移传感器可在水下 1 000 m 正常运行，它采用静磁栅绝对编码技术，直接输出绝对位移数据，无需变送器单元；磁敏角位移传感器可对角度进行高精密计量和检测，它采用世界先进的强磁性金属薄膜磁敏电阻作为传感元件，并与检测器、差动放大器等合成一个整体，不需要附加电路，使用非常方便，并且分析率高、精度高。

5. 力传感器

我国研制出的一种全新的力数字传感器陶瓷厚膜力数字传感器能在压力或重力的外部激励下，直接输出大幅值数字信号，能与现场总线兼容，不需放大和 A/D 变换就可与计算机系统直接通讯，可提高信息传输质量，降低信息传输成本，为力传感器的数字化、网络化和智能化奠定基础。

6. 压力传感器

研制成功的硅隔离耐高温微型压力传感器，能在－30～250℃环境下完成 1 000 MPa 以下任意量程范围的压力测量，能承受 2 000℃瞬时高温冲击。该项目的研制成功有效解决了我国石油化工、航空航天、汽车工业等领域高温环境下压力测量的技术难题，具有很高的推广和使用价值。

7. 热学量传感器

研制成功测温上限高达 2900℃的阵列式钨铼热电偶。

为神舟六号载人飞船发动机研制的 6 种型号、21 种规格的控制系统温度传感器，经过几十次试验及火箭发射中心的模拟运行，产品各项性能均达到要求。

8. 化学传感器

农产品和环境中重金属快速检测方法与装备研究获得成功。该项研究是将具有特效显色反应的生物染色剂通过浸渍附载到试纸上，制备出重金属快速检测试纸，并通过反复研究获得了试纸与重金属的最佳反应条件。该试纸对重金属具有良好的选择性，测定重复性好，检测速度、灵敏度、准确度、精密度均达到了项目技术指标的要求，填补了我国在农产品和环境重金属快速检测技术中的空白。为了实际操作方便，项目组还制备出了体积小巧，便于携带，操作简便，常温保存时间长的试剂盒。试纸及试剂盒对重金属检测灵敏度可达 0.01～20 mg/kg，准确率在 95%以上，而且只需 10 min 就可对重金属进行快速检测，大大缩短了检测时间，提高了检测结果的时效性。

9. 生物传感器

近两年来，我国在生物传感器方面投入了大量的人力物力进行研究和探索，取得了一些不错的成果。如成功研制出"蛋白质芯片生物传感器系统"及其实用化样机。该研究将多种蛋白质活性微列阵、生物分子特异结合性，与高分辨率椭偏光学成像技术相结合，提供了一种新型无标记蛋白质分析技术。我国自行研制了第一台适合亚洲人种的骨密度和骨龄测定仪，该测定仪实现了智能与专家的一体化，能客观地反映人体骨密度和骨龄的真实情况，取代了人工“读片法”的繁杂过程，提高了检测的准确度。

以水溶性共轭聚合物作为新型荧光探针，设计了系列基于共轭聚合物的生物传感体系。通过构建共轭聚合物/DNA自组装体系，利用不同的化学输入控制能量转移过程，调控荧光输出信号，实现了YES、NOT、AND、NAND、INH、INHIBIT以及XNOR的多逻辑门功能，为多种物质的同时检测提供了新的思路；利用荧光共振能量转移原理，发展了基于共轭聚合物的新型高灵敏度过氧化氢(H_2O_2)与葡萄糖传感体系；通过调控共轭聚合物体系的电子转移过程，实现了对氮氧自由基以及抗氧化剂的灵敏检测。

10. 智能传感器

成功研制出一种用于无线肠胃检查的“智能胶囊”。病人只需要吞下一个“智能胶囊”，就可检查治疗肠胃等腹腔内疾病，不用忍受内窥镜治疗、放射造影手术治疗等方式带来的痛苦。“智能胶囊”是一种数字信号肠胃检查微型机器人，外表与普通医药胶囊无异。它的工作原理和方法为：先给微型机器人通电，然后把它送入身体内，机器人缓慢地随着人体的肠胃运动遍历胃肠道，机器人体内携带的微型摄像单元拍摄腔道影像，并通过微型无线发射模块以射频信号的形式传送至体外接收装置，工作人员可在接收装置上进行医学图像观察处理和诊疗。该技术对于减轻病人痛苦、提高检查和手术的安全性和降低医疗费用具有重要意义，目前在国内属于首家。

11. 传感器网络方面

中国国家自然科学基金委员会将无线传感器网络列为重点研究项目。《国家中长期科学和技术发展规划纲要(2006—2020)》在支持的重点领域及其优先主题“信息产业及现代服务业”中列入了“传感器网络及智能信息处理”，并在前沿技术中重点支持“自组织传感器网络技术”。

由此可见，近两年来我国在传感器技术领域取得了很大的进展并且诞生了大量优秀的新产品。虽然与国外相比还有很大的差距，但是有理由相信：我国的传感器技术水平将会不断提高，与国际先进水平的差距将不断缩小。

三、学科发展国内外情况的比较

(一)我国传感器产业与国际水平之间的差距

我国近年来传感器产业取得了长足进步，已形成了一定的产业基础，但与发达国家相比有较大差距，处于国际20世纪90年代初的水平。其中科研开发落后国际水平5～10年，而规模化生产技术则落后10～15年。

传感器的种类五花八门、异常丰富，而我国经过“八五”、“九五”和“十五”的发展目前也仅有其中的一小部分。国外航天飞行器的各大系统中使用了大量传感器，例如：美国航天飞机所用的传感器数量达3 500只，其中运载火箭上2 500只，航天飞机上1 000只；欧洲Ariane 5火箭上，在研制试验阶段使用的传感器数量435只，通常一次飞行测量参数达570个，一次技术飞行测量参数达1 100个。我国一次运载火箭飞行一般传感器数量仅为数百只。神舟六号载人飞行中，火箭、飞船上使用的我国自行研制的各类传感器达到百余种千余台套。与国外相比，我国能够自行研制的航天用传感器品种仍无法满足实际需求。

目前国产轿车、石油化工等产业以及国家重大工程中使用的高端传感技术及大量关键传感器仍然依赖进口，一些国防急需的高性能传感器对中国禁运。据统计，2001 年世界传感器市场总额约为 790 亿美元，相当于通讯产品的 50%左右，市场巨大。而我国 2001 年传感器产值为 9.2 亿美元，仅相当于我国通讯产品的 4%，占世界传感器市场的 1.2%。2003 年我国在工业自动化工程中使用了大约 270 万台套压力传感器，其中进口传感器约占市场的 70%，用汇额约 30 亿美元以上。部分国产化的压力传感器仅占 20%，而全部采用国产技术生产的传感器大约占市场总量不足 10%。毒性气体传感器在环境保护中使用大约在 20 万台套，其中，进口产品占 78%，农业及工业用 CO_2 传感器几乎全部依靠进口。而汽车电子用传感器除低档车用一些温度、转速、位置、压力传感器国产外，其余全部为引进，并占市场总额的 90%。我国化工行业、安全监测的传感器市场，几乎全部被美国等国外企业所占领。而对于可以用于军事、航空航天等目的的传感器，国外公司对我国则是实行禁运的。由于这些限制严重阻碍了我国需要大量应用传感器的汽车、工业控制、军事、航空航天等领域的产品开发，限制了这些领域产品技术含量的提高，使相关的产品缺乏国际竞争力。因此，建立我国自主的传感器产品开发能力，打破国外公司的垄断和封锁，对于提高我国科学技术水平、促进我国国民经济的稳固发展、保障我国国家安全，维护世界和平具有重大和深远的意义。

(二)我国传感技术自主创新能力和规模生产技术与发达国家的差距

目前我国传感技术自主创新能力和规模生产技术与发达国家相比存在较大差距，主要表现在：①缺少具有自主知识产权的创新性成果，科研成果向产业转化速度慢，取得显著社会经济效益的项目少；②缺乏大规模生产的企业，高档产品种类少，市场满足率低；③生产工艺装备离国际水平有较大差距；④整体还处于跟踪状态。大力发展传感器技术对于提升我国在高新技术领域的核心竞争力有重要意义。

在传感器及其装置和系统方面主要存在下列问题：自主创新能力较低，敏感材料、集成化设计与制造、工业设计水平、测试与标定等综合技术水平较落后。与国外的差距主要表现在：①器件品种少，高端产品主要依赖进口；②自动化、智能化水平较低；③模块化、标准化、集成化程度较低；④稳定性较差、可靠性较低；⑤信号检测精度较低；⑥性能价格比低，市场竞争力较弱。

我国在传感器网络的发展起步不算晚。目前国内的传感器网络研究虽然引起很多的关注，但是国家在项目的支持上尚未有全面的研究计划和课题设置，已有的项目都是针对部分理论上的问题进行研究。还没有全面系统地部署针对传感器网络关键技术以及应用的研究。与国外的差距主要表现在：①国外已有产品，并且已经大致规划出未来 5 年的产品系列，而我国尚处于实验室阶段，在通信模块和网络模块等处存在大量的技术准备不充分的问题；②国外已有小规模无线传感器网络协议标准，例如 IEEE 802.15.4、ZigBee、IEEE P1451.5 等，而我国在此方面尚为空白；③国外早在 20 世纪 60 年代末就具有小规模无线网络接入技术的雏形，在当今面向中、大规模的技术发展中已积累了大量的理论、技术及专利。而国内普遍存在对接入技术的难度估计不足。由于无线传感器网络的信道不是包交换，也不是电路交换，所以其网络接入技术本质上不同于计算机网络等，由此造成的技术储备和认识不足，是我国无线传感器网络研究领域的一个被动因素。

四、该专业今后发展的主要方向

大规模集成电路、微纳加工、网络等技术的发展，为传感技术的发展奠定了基础。微电子、光电子、生物化学、信息处理等各学科、各种新技术的互相渗透和综合利用，可望研制出一批新颖、先进的传感器。传感器领域的主要技术将在现有基础上予以延伸和提高，并加速新一代传感器的开发和产业化。随着生产自动化程度的不断提高，人们生活水平的不断改善，对传感器的需求也不断增加。技术推动和需求牵引共同决定了未来传感技术的发展趋势，突出表现在以下几个方面：一是开发新材料、新工艺和新型传感器；二是实现传感器的多功能、高精度、微型化、集成化和智能化；三是通过传感器与其他学科的交叉整合，实现无线网络化。

1. 开发新型传感器

传感器的工作机理是基于各种物理（化学或生物）效应和定律，由此启发人们进一步探索具有新效应的敏感功能材料。并以此研制具有新原理的新型传感器，这是发展高性能、多功能、低成本和小型化传感器的重要途径。

2. 开发新材料传感器

材料是传感器技术的重要基础。随着传感器技术的发展，除了早期使用的材料，如半导体材料、陶瓷材料以外，光导纤维、纳米材料超导材料等相继问世。随着研究的不断深入，未来将会有更多更新的传感器材料被开发出来。

3. 加工技术微精细化

随着传感器产品质量档次的提升，加工技术的微精细化在传感器的生产中占有越来越重要的地位。微机械加工技术是近年来随着集成电路工艺发展起来的，目前已越来越多地用于传感器制造工艺。例如：溅射、蒸镀等离子体刻蚀、化学气相淀积、外延生长、扩散、腐蚀、光刻等。越来越多的生产厂家将传感器作为一种工艺品来精雕细琢。

4. 微型化传感器的开发

微传感器的特征之一就是体积小，其敏感元件的尺寸一般为微米级，由微机械加工技术制作，包括光刻、腐蚀、淀积、键合和封装等工艺。利用各向异性腐蚀、牺牲层技术和LIGA 工艺，可以制造出层与层之间有很大差别的三维微结构，包括可活动的膜片、悬臂梁、桥以及凹槽、孔隙、锥体等。这些微结构与特殊用途的薄膜和高性能的集成电路相结合，已成功地用于制造各种微传感器乃至多功能的敏感元阵列（如光电探测器等），实现了诸如压力、力、加速度、角速率、应力、应变、温度、流量、成像、磁场、湿度、pH 值、气体成分、离子和分子浓度以及生物传感器等。

5. 集成化传感器的开发

集成化技术包括传感器与 IC 的集成制造技术以及多参量传感器的集成制造技术，缩小了传感器的体积，提高了抗干扰能力。采用敏感结构和检测电路的单芯片集成技术，能够避免多芯片组装时管脚引线引入的寄生效应，改善器件的性能。单芯片集成技术在改善器件性能的同时，还可以充分发挥 IC 技术可批量化、低成本生产的优势，因此成为现在传感器技术研究的主流方向之一。

6. 智能化传感器的开发

所谓智能化传感器就是将传感器获取信息的基本功能与专用微处理器的信息分析、处理功能紧密结合在一起，并具有诊断、数字双向通信等新功能的传感器。由于微处理器具有强大的计算和逻辑判断功能，故可方便地对数据进行滤波、变换、校正补偿、存储记忆、输出标准化等；同时实现必要的自诊断、自检测、自校验以及通信与控制等功能。

智能化传感器将由多片模块组成，其中包括微传感器、微处理器、微执行器和接口电路，它们构成一个闭环微系统，有数字接口与更高一级的计算机控制相连，通过利用专家系统中得到的算法对微传感器提供更好的校正与补偿。那时的智能化传感器功能会更多，精度和可靠性会更高，优点会更突出，应用会更广泛。

7. 多传感器的集成与融合

由于单传感器不可避免存在不确定或偶然不确定性，缺乏全面性和鲁棒性，所以偶然的故障就会导致系统失效。多传感器集成与融合技术正是解决这些问题的良方。多个传感器不仅可以描述同一环境特征的多个冗余的信息，而且可以描述不同的环境特征。它的特点是冗余性、互补性、及时性和低成本性。

多传感器的集成与融合技术已经成为智能机器与系统领域的一个重要的研究方向，它涉及信息科学的多个领域，是新一代智能信息技术的核心基础之一。从 20 世纪 80 年代初以军事领域的研究为开端，多传感器的集成与融合技术迅速扩展到军事和非军事的各个应用领域，如自动目标识别、自主车辆导航、遥感、生产过程监控、机器人、医疗应用等。

8. 多学科交叉融合，实现无线网络化

无线传感器网络是由大量无处不在的、由无线通信与计算能力的微小传感器节点构成的自组织分布式网络系统，能根据环境自主完成指定任务的“智能”系统。它是涉及微传感器与微机械、通信、自动控制、人工智能等多学科的综合技术，大量传感器通过网络构成分布式、智能化信息处理系统，以协同的方式工作，能够从多种视角、以多种感知模式对事件、现象和环境进行观察和分析，获得丰富的、高分辨率的信息，极大地增强了传感器的探测能力，是近几年来的新的发展方向。其应用已由军事领域扩展到反恐、防爆、环境监测、医疗保健、家居、商业、工业等众多领域，有着广泛的应用前景。

（三）“863”计划中涉及的传感器技术

传感器技术涉及 2006 年专题中十大领域的方方面面。如资源环境技术领域中的环境监测及环境风险评价技术、大气复合污染关键气态污染物的快速在线监测技术和大气细粒子和超细粒子的快速在线监测技术，海洋技术领域中的海洋水质污染综合参数在线监测技术和海洋金属污染物现场和在线监测技术等。

从共性技术的角度来看，其中有些涉及遥感技术，如地球观测与导航技术领域中的新型遥感器技术专题，以及海洋技术领域中的航空与卫星遥感海洋监测与应用技术。有些涉及微传感器技术，如先进制造技术领域中的微机器人与微操作机器人技术课题和汽车车载微传感器课题。还有一些涉及压力的测量，如资源环境技术领域中的研制环空与管内压力测量技术，海洋技术领域中的高精度快速压力传感器以及先进制造技术领域中的高精度压力/差压变送器及高精度流量测量仪表。

参考文献

[1] 樊尚春. 传感器技术及应用. 北京：北京航空航天大学出版社，2004.

[2] 樊尚春，刘广玉. 新型传感技术及应用. 北京：中国电力出版社，2005.

[3] 李科杰，等. 现代传感技术. 北京：电子工业出版社，2005.

[4] 中国军工网[EB/OL]. [2006-06-20]. http://www.chinawar.cn/Html/xxnews/20066/2006620145801.html.

[5] 中国军工网[EB/OL]. [2006-10-13]. http://www.chinajungong.com/Html/xxnews/200610/20061013133926.html.

[6] 中华传感器网[EB/OL]. [2005-8-7] http://www.17b2b.cn/ReadNews.asp? NewsID=147&BigClassID=21&BigClassName=产业经济&SmallClassID=33&SmallClassName=产业经济&SpecialID=0.

[7] http://www.17b2b.cn/ReadNews.asp? NewsID=157&BigClassName=产业经济&BigClassID=21&SmallClassID=33&SpecialID=0. 2005-8-7 中华传感器网.

[8] 中国军工网[EB/OL]. [2006-9-21]. http://www.chinajungong.com/Html/xxnews/20069/2006921175724.html.

[9] 中国军工网[EB/OL]. [2006-10-11]. http://www.chinajungong.com/Html/xxnews/200610/20061011154238.html.

[10] 中华传感器网[EB/OL]. http://www.17b2b.cn/ReadNews.asp? NewsID=104&BigClassName=研究报告&BigClassID=18&SmallClassID=22&SmallClassName=技术前沿&SpecialID=19.

[11] 中华传感器网[EB/OL]. http://www.17b2b.cn/ReadNews.asp? NewsID=127&BigClassName=技术文库&BigClassID=19&SmallClassID=28&SmallClassName=技术前沿&SpecialID=19. [2005-8-7].

[12] 王松涛. 中小型企业科技，2004，10：42.

[13] 付云鹏，刘俊利，赵旭. 陶瓷厚膜力数字传感器的产业化设计. 传感器世界技术与应用，2004，10：32-34.

[14] 中华传感器网[EB/OL]. http://www.17b2b.cn/ReadNews.asp? NewsID=148&BigClassName=产业经济&BigClassID=21&SmallClassID=33&SmallClassName=产业经济&SpecialID=0. 2005-8-7.

[15] 中华传感器网[EB/OL]. http://www.17b2b.cn/ReadNews.asp? NewsID=153&BigClassName=产业经济&BigClassID=21&SmallClassID=33&SmallClassName=产业经济&SpecialID=0. 2005-8-7.

[16] http://www.edu.cn/cheng_guo_zhan_shi_1085/20061201/t20061201_207617.shtml，2006-12-1.

[17] 陈帅，钟先信，刘积学，等. 无线传感器网络的新进展与应用. 压电与声光，2006，28(3)：298-299.

[18] 刘广玉. 传感器的现状和未来. 测控技术，1999，18(3)：1-3.

撰稿人：樊尚春

仪器仪表元器件

仪器仪表元器件专题报告主要涉及：硅基力敏元件及传感器、磁敏元件及传感器、气敏元件及传感器、仪用光学薄膜元件、弹性元件五大领域，重点介绍近两年来该专业领域科技发展的重大成果和进展，产业发展中的重大突破和优秀新产品。现分别阐述如下：

一、硅基力敏传感器学科进展

（一）硅基力敏元件及传感器科技和产业发展现状

硅基力敏元件及传感器是目前敏感器件中应用最广、用量最大的器件，市场占有率超过 25%，广泛应用在工业自动化、环保、航空航天、汽车工业、化工、医疗、大气和海洋测量等领域和国防工业中。20 世纪 80 年代末期，以微机械和微电子技术为基础的 MEMS 技术在硅压阻压力传感器制造工艺中出现并成熟起来，促成了硅基压力传感器的产业化。ICSensors 、Novasensors 和瑞士 KELLER(凯勒)公司是国际上硅基传感器企业的典型的代表。

中国的传感器产业经过多年发展逐步开始自主研发和生产制造产业化，整个行业已初具规模。但是目前国内的高端压力变送器仍为 Emerson(爱默生)、日本横河电机、德国 E＋H、美国 Honeywell、ABB 等国外品牌所垄断，国内在产品水平上可以与国外品牌公司相抗衡的只有沈阳仪表科学研究院的硅电容式压力传感器和硅基复合压阻式压力传感器。在传感器的市场上，国产品牌占有率正在逐步扩大，如沈阳仪表科学研究院的汇博牌硅压阻式压力传感器芯片已出口 10 万片，OEM 压力传感器实现了 15 万件的批量；昆山双桥传感器测控技术有限公司的轮胎压力敏感芯片也进入了由外企垄断的汽车市场；麦克传感器有限公司的 OEM 压力传感器年销售也达到了 12 万支，缺憾是该公司传感器的核心依赖进口。目前国内唯一具有硅基压力传感器产品研发和批量生产能力的只有沈阳仪表科学研究院。

（二）硅基力敏元件及传感器科技发展的重大成果和进展

1. 科技发展的重大成果——SOI 传感器制造技术

近两年来硅基压力传感器领域技术发展的重大成果是 SOI(Silicon On Insulator)传感器制造技术的重大突破。

硅压阻式压力传感器是目前压力传感器中制造技术最成熟的主流产品。在芯片结构上敏感电阻之间是靠反向偏置 PN 结隔离的，因 PN 结固有的反向漏电流与温度呈指数关系，高温时可能造成 PN 结导通导致芯片失效。因此一般工业用传感器的使用温区在 －30～80 ℃，PN 结极限温度 125 ℃。

SOI 压力传感器是在绝缘衬底上硅单晶层制作有压阻效应的体电阻，电阻之间及电阻与衬底之间是由绝缘材料(SiO_2)隔离的，这种无 PN 结的敏感元件突破了 125 ℃温度极限，从原理上解决了硅基传感器热稳定性的难题，使硅基传感器成为真正的高稳定性的高温压力传感器，并具有耐辐照特性。

沈阳仪表科学研究院研究用 SIMOX(注氧隔离)结构的 SOI 硅片，用 MEMS 技术制造压力传感器，历时 4 年，终于在制造技术上取得了重大突破。首先解决了在 0.2 μm 厚度的硅单晶层内制造具有压阻效应的敏感电阻技术，同时攻克了高温复合电极工艺，耐高温保护液充灌、引线连接等关键技术，敏感器件的典型工作温度可达到－55～300 ℃，从而使 SOI 传感器进入了实用化阶段。

SOI 传感器制造技术与现有的 MEMS 技术及传感器专用技术基本兼容。通过“863”半导体材料项目研究，目前 4～6 英寸“SOI”圆片已实现规模生产。关键技术和原材料的解决，为未来的产业化发展奠定了基础。SOI 传感器制造技术的重大突破，使我国在高端压力传感器市场有了新的突破点，将带动整个硅基压力传感器及变送器产品品质的全面提高。

2. 产业发展中的重大突破

(1)新型工业用硅电容差压传感器由沈阳仪表科学研究院研制，它作为新型的结构型传感器，具有灵敏度高、抗过载能力强、温度系数低、稳定性优良、动态响应特性好、易于实现数字化后部处理等，成为当今工业过程控制用传感器高端产品的代表，这类高端产品因其生产工艺和技术条件要求高，难度大，国内至今仍没有自主技术的同类产品推出。沈阳仪表科学研究院采用标准平面工艺和微机械加工工艺中氧化、淀积、腐蚀、溅射、静电封接等实现了硅电容敏感芯体的制作，突破了小间隙无粘连静电封接制备硅电容敏感芯片，解决了高性能传感器制造过程中的如焊接、充灌液规置调整、三膜片保护等直接影响传感器可靠性与稳定性的工艺难点和关键技术。芯体结构如图 1 所示，在此基础上开发并研制出自主知识产权的硅电容传感器及变送器(见图 2、图 3)。

硅电容差压传感器的主要技术指标请参阅沈阳仪表科学研究院《硅电容、硅压阻复合压力传感器产品选型样本》。

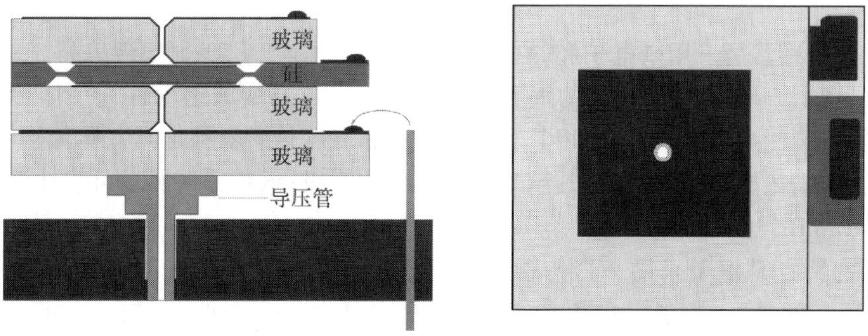

图 1　硅电容传感器芯体结构示意图

图 2　硅电容传感器受压部

图 3　硅电容变送器

该项目的意义在于填补了国产传感器在高端工业测控仪表的空白，差压变送器主要性能已经达到了国外同类产品水平。国内目前用进口芯体（如 ROSEMOUNT 的 1151、3151 系列）组装变送器的整机厂家有数十家，硅电容传感器作为具有更高性能的替代品，具有相当大的潜在应用市场，对仪器仪表行业高端工业测控仪表完全国产化将起到重要作用。

（2）硅压阻复合压力传感器是沈阳仪表科学研究院利用在硅基传感器设计制造上的优势，直接瞄准国际上的高端产品，开发出的有创新结构的多参数复合压力传感器。芯片结构如图 4 所示。

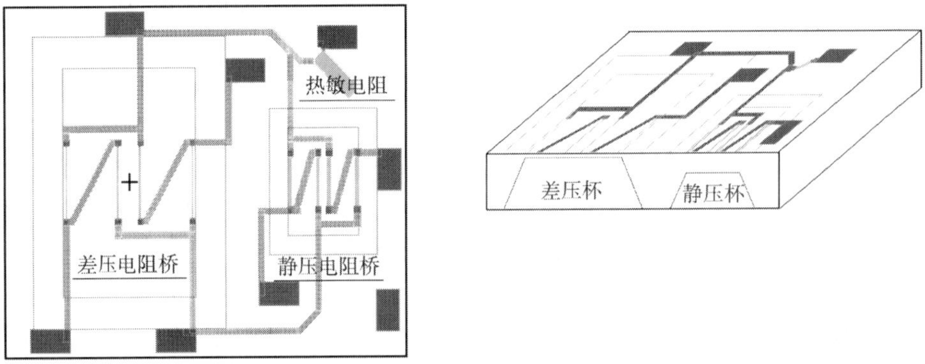

图 4　复合压力传感器芯片示意图

复合压力传感器是采用微电子和微机械加工融合技术，在 P 型 SOI 硅单晶片或 N 型硅单晶片上、在 3.5 mm×4.0 mm 的面积上集差压/静压/温度敏感元件为一体、封装在金属膜片隔离密封的结构中。可利用其自身的静压和温度传感器补偿其差压传感器所受环境的影响，形成智能工业变送器，其测量精度达到 0.1 级；该传感器通过可靠性试验，其可靠性指标 MTBF 达到 8×10^{4} h。

该产品的特点是由于采用一套传感器生产工艺流程同时完成了 3 个参数传感器的加工，降低了生产成本，易于批量生产，因此具有重复性、一致性好等特点。产品技术性能达到国外同类产品水平，填补了我国自主生产智能仪表的空白，具有很好的市场前景。

3.优秀新产品

(1)高温压力传感器由沈阳仪表科学研究院根据特殊需求开发研制,首次采用 SOI 技术,使敏感器件工作温区扩展到－55～300 ℃,准确度达到 0.2 级。不仅是国内首创,在最近举行的第十七届多国仪器仪表展览会上,也没有发现相同温区的硅基压力传感器产品。

这种新型高温压力传感器的技术创新在于,在基片材料上用 SOI 晶圆替代单晶硅晶圆,用 MEMS 技术制造出无 PN 结的硅压阻器件,同时攻克了高温状态下芯体的保护液充灌、引线连接等关键技术,使敏感器件在 300 ℃环境下能够可靠的连接。传感器的原始热零点和热灵敏度漂移在－55～300 ℃范围内达到了 0.01％FS/℃数量级,几乎可以在无补偿状态下使用。应用该项技术研制的小型共面差压传感器已经在航天和航空领域应用。图 5 是传感器的外形图。

主要性能指标

测量范围:±25Mpa;非线性:≤0.2％F.S

对称性:≤0.3％F.S;重复性:≤0.05％F.S

滞后:≤0.05％F.S

工作温度范围:－55～300 ℃(敏感元件)

底板外形尺寸:长 39 mm,宽 27 mm,厚 4 mm

图 5　小型共面差压传感器和主要性能指标

SOI 结构高温压力传感器的研制成功,是硅基压阻式压力传感器的重大突破,不仅有重大的军事应用意义,也是国产压力传感器在重要工业控制领域取代进口产品的一个突破口。

(2)SQPS-A100 系列胎压传感器芯片由昆山双桥传感器测控技术有限公司研制用于轮胎压力监测系统、发动机控制及刹车、悬挂、冷媒等高压测量,由双桥公司设计芯片版图和工艺参数,在晶圆代工厂加工完成。拥有完全的自主知识产权。单芯片的尺寸为 1 mm×1 mm,芯片版图和主要性能指标见图 6。该产品的意义在于:压阻式压力传感器芯片利用价格上的优势首次进入了车用传感器这个巨大的市场。

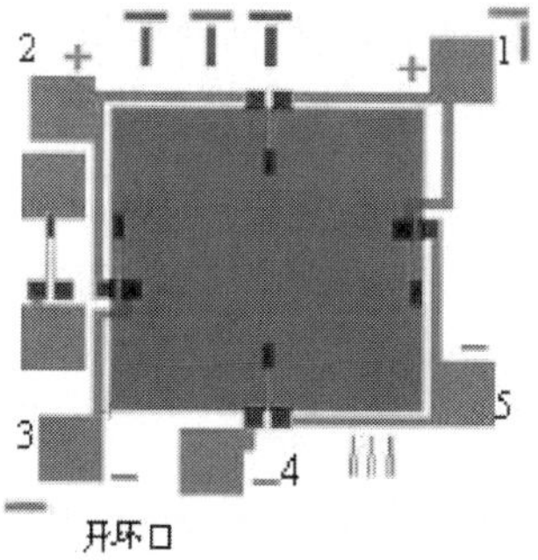

主要性能指标

测量范围:0～100 kPa,200 kPa,700 kPa,1 400 kPa,3 400 kPa

精度等级:优于 0.5％FS; 输出信号:(100±40)mV

所属类别:常规产品

图 6　SQPS-A100 系列胎压传感器芯片和主要性能指标

(3)CYG1400 系列高频动态压力传感器由昆山双桥传感器测控技术有限公司研制为无管腔齐平封装或准齐平封装(专利技术),最高频率:1 MHz;测量范围:0～10 kPa～600 kPa～60 MPa;精度等级:0.25%FS,0.5%FS, 1.0%FS;输出信号:mV 输出;所属类别:特色产品;供电电压:恒流供电。

(三)硅基力敏元件及传感器科技发展国内外主要差距

(1)我国的关键设备水平与先进国家存在巨大差距。硅基传感器制造的关键设备与集成电路相同,如离子注入机、光刻机、反应离子刻蚀机等,整机测试、计量、环境试验设备等。这些顶级的高科技设备价格昂贵,企业没有能力投入,需要国家支持。

(2)我国缺乏促进传感器产业化的有效运行机制。传感器作为综合性高科技产品,需要高水平的研究队伍、较高的资金投入和较长的研究周期,但对我国仪器仪表一般企业来说是很难做到的。国际知名公司在产业化的道路上都经历了漫长的研究与开发,如横河电机的硅谐振式传感器、德国奥林巴斯光学传感器等。目前国家还没有真正的 MEMS 产业基地。在国内有规模的企业中,沈阳仪表科学研究院是国内唯一具有硅基传感器芯片生产线和压力传感器整机生产线的企业,但是若将硅电容和 SOI 高温压力传感器这样具有市场前景的高端产品真正实现产业化,还需要一定时间进行批产技术研究和量产设备的投入,需要国家的大力投入和扶持,同时在政策上给予支持。

(四)硅基力敏元件及传感器发展的主要方向

(1)尽快建立国家级压力传感器产业化基地。基地应以中高端产品为目标,和工控领域的大型仪表厂配套。

(2)强化基础工艺的研究,提高可靠性。国产传感器在性能指标上基本可以达到国外同类产品的水平,但是在稳定性和可靠性方面差距很大,关键是材料和设备等基础工艺水平低,应加强关键工艺技术的研究,包括关键设备的更新改造。

(3)开展传感器专用电路芯片的研究。目前用 MEMS 技术研制的传感器因结构小,输出信号相对较弱,需要开发专用的电路芯片,国内目前还没有产品。国外已有通用芯片出现,如“通用电容读出(UCR)芯片”可以测量小到 0.4pF 的电容变化,提供很低的噪音性能。

(4)构建和谐的合作关系。传感器未来发展方向是集信息采集、数据处理和通讯三位为一体,从而实现智能化、集成化、网络化,需要产、学、研相结合,发挥各自的优势。

二、磁敏元件及传感器学科进展

(一)磁敏元件及传感器科技和产业发展现状

磁敏元件及传感器近年来科技发展迅速。就磁敏元器件材料应用来讲,从单质的 Ge、Si,到Ⅲ-Ⅴ族化合物半导体,再到现在的复合异质结构材料、合金材料等;从器件的结构看,由原来的体型器件发展到集成型、薄膜型、复合薄膜型等;从器件原理及性能看,由原来的普通霍尔器件、磁阻器件、磁敏晶体管，到现在的巨磁阻、低功耗强磁体磁阻、非晶金属磁传感器、威根德磁传感器等。器件的灵敏度、稳定性得到很大提高，体积小、功耗低。应用领域由原来的单纯磁场检测，发展到电量、位置、位移量检测以及信号记录、存储、读取等，在工业自动化、军工、民用、汽车等多领域得到广泛应用。

(二)磁敏元件及传感器科技发展的重大成果和优秀新产品

1.科技发展的重大成果

近几年，磁敏领域科技发展的重大成果和进展主要体现在工艺技术创新和新材料应用方面，其代表性的技术突破有：

(1)薄膜技术在磁敏传感元器件制造中成功应用

Ⅲ-Ⅴ族半导体 InSb 薄膜研制成功，使大批量生产低价格、高灵敏度的 InSb 霍尔元件成为可能，使之成为市场应用量最大的磁敏器件之一。

30 nm 以下强磁体磁性薄膜研制成功，生产出低功耗(5 μA 工作电流)、低成本的薄膜磁阻器件，为磁敏器件进入巨大的民用市场和工业流量计量领域、汽车领域打下了坚实的基础。

巨磁电阻多层薄膜的研究与开发。生产高灵敏度、高稳定性的新型磁敏器件，用作高密度记录磁盘读出头而进入计算机领域，短期内使计算机硬盘由 4 G 增加到 400 G。

(2)新型复合半导体材料、新型磁性金属和合金材料在磁敏传感器件中得到成功应用，具有代表性的新型磁敏材料有：

Ⅲ-Ⅴ族复合异质结构半导体材料：利用分子束外延技术等对Ⅲ-Ⅴ族化合物半导体传统材料进行异质外延，形成异质结构，生产出具有高灵敏度磁性能的半导体材料，可检测到 10^{-6} T 的微磁场。

强磁体薄膜材料：主要有 Fe/Cu，Fe/Al，Fe/Al，Fe/Au，Co/Cu，Co/Ag，Co/Au 和 Ni/Co 等，通过不同比例的组合和不同成分薄膜的复合，制作出不同性能的磁性材料。

磁传感器的辅助材料：具有高磁导率的非晶态、微晶态磁性材料已经进入批量生产阶段。该材料为提高磁敏传感器的灵敏度，减小体积和重量起到了关键作用，大大改善了磁传感器的性能。

2.优秀新产品

(1)低功耗薄膜磁阻器件　研发单位：沈阳仪表科学研究院，建立了薄膜磁敏器件生产线，核心设备为具有国际先进水平的进口设备，年生产薄膜磁阻器件系列产品的能力达到 100 万只以上，产品水平与国际同类水平相当，并已经在流量检测领域得到批量应用。

(2)InSb 薄膜霍尔器件　研发单位：沈阳仪表科学研究院，具备了产业化生产条件，建立了完整的生产线，年生产能力达到 200 万只以上，产品技术水平与国外同类产品相当。

(3)集成霍尔器件　研发单位：南京中旭电子科技有限公司，已经形成完整的生产线，部分型号的产品已经可以替代进口，满足市场需求，年生产能力在 50 万只以上。

(三)磁敏元件及传感器学科发展国内外的主要差距

产品可靠性研究投入少、水平低,表现在产品的稳定性、使用寿命等方面与国外存在较大差距;成果转化慢,往往要经过3～5年以上才初具生产规模;产业化水平低,国内在产品后期的批量生产技术研究、硬件基础建设投入与国外的差距大。

(四)磁敏元件及传感器发展的主要方向

(1)加强新型磁敏材料的研究。在已经获得突破的半导体异质结构材料、金属材料、复合薄膜材料的基础上,进一步探索新型磁性材料。

(2)开拓新技术的应用。利用薄膜技术、MEMS技术,实现磁敏传感器小型化、低价格、高性价比。

(3)加强可靠性研究,使产品更加稳定,综合技术性能达到国际水平。

(4)加快产业化研究与开发,加大产业化投入,缩短产品进入市场周期。

(5)加快磁敏传感器/变送器的智能化升级换代,实现磁敏传感器的应用智能化、数字化、网络化。

三、气敏元件及传感器学科进展

(一)气敏元件及传感器科技和产业发展现状

烧结型气敏元件仍是生产的主流,占总量90%以上;接触燃烧式气敏元件已具备了生产基础和能力;电化学气体传感器已开发出部分产品;生物电化学气体传感器的研究刚刚起步。

在工艺方面引入了表面掺杂、表面覆膜以及制作表面催化反应层和修隔离层等工艺,使烧结型元件由广谱性气敏发展成选择性气敏;在结构方面研制了补偿复合结构、组合差动结构以及集成化阵列结构;在气敏材料方面 SnO_2 和 Fe_2O_3 材料已用于批量生产气敏元件,新研究开发的 Al_2O_3 气敏材料、石英晶体和有机半导体等也开始用于气敏材料;低功耗气敏元件(如 CO、CH_4 等气敏元件)已从产品研究进入中试。

(二)气敏元件及传感器优秀新产品

1. 电化学气体传感器

长春应用化学研究所近两年来,陆续开发出电化学氨气、甲醛、乙烯、乙醛、光气、氯气传感器,解决了国内这些型号的传感器一直依赖进口的难题。新型催化剂的研究,有效地提高了催化剂的活性与一致性,并降低了催化剂贵金属的载量,降低了传感器的生产成本。目前正在研究开发的全固态电化学气体传感器,将固体电解质应用于电化学气体传感器,有效地解决了传统电化学气体传感器面临的一系列技术问题。已完成了4种电化学传感器抗干扰过滤剂的研究,并获得了4项发明专利,有效地解决了气体传感器干扰问题,提高了气体传感器的选择性。

电化学气体传感器主要性能指标如下：工作温度为－20～50 ℃（某些需要温度补偿）；工作湿度为15%～90%RH；保存环境温度为0～20 ℃；工作气压为1 atm±10%；重复性误差＜±2%；线性误差＜±5%；信号衰降＜10%/年；响应时间（t_{90}）＜30 s；寿命为2年（包括保存期）。

2. MEMS瓦斯光纤传感器

MEMS瓦斯光纤传感器威海双丰电子集团有限公司研制，是一种全新的模式，以纳米敏感材料为基础，以微机械加工为手段，以光纤技术实现光信号的传输，是一种微纳光纤技术集成，不需要加热催化等条件。该产品突破原有的化学传感器、催化燃烧元件的工作原理，利用一种新的光学原理，由于没有热源，又是光信号传输，非常适合煤田井下应用。主要性能指标：测量范围为0～4%时，测量误差≤0.1%，响应时间＜20 s；报警点测量误差为1%。

（三）气敏元件及传感器学科发展国内外主要差距

主要是产品制造技术、产业化及应用等方面较世界先进国家仍有较大的差距。产业化程度低，品种少，高档产品尤其少，市场满足率低。

（四）气敏元件及传感器发展的主要方向

（1）优化设计，提高性能。运用微机械加工技术、敏感薄膜形成技术、微电子技术、光纤技术等，不断地提高灵敏度和工作性能，降低功耗和成本，缩小尺寸，简化电路，与应用整机相结合。

（2）加强可靠性研究，提高智能化水平。进一步提高气体传感器的稳定性，实现传感器小型化、微型化和多功能化，满足多元化市场的需求。

四、仪用光学薄膜元件学科进展

（一）仪用光学薄膜元件科技和产业发展现状

1. 仪用光学薄膜元件科技发展现状

光学薄膜技术自20世纪90年代以来，得到了很大发展。主要技术发展有：膜系设计优化技术；离子沉积制造技术；多层薄膜膜厚精密控制技术；薄膜元件的检测技术。光学薄膜元件作为光学系统设备中的关键元件，作用越来越大，系统设计与薄膜元件的联系越来越紧密，广泛应用在工业控制、光显示（相机、投影仪等）、光通讯、生物医学等领域。

2. 仪用光学薄膜元件产业发展现状

国际光学薄膜元件产业，国际分工比较明显，美欧主要制造高精度、高难度的光学薄膜元件产品。中国、韩国等主要制造大批量、低要求的光学薄膜元件产品。国内在成膜设备、成膜技术工艺开发、膜系设计方法、行业标准等方面的创新水平低，数量较少。国内的优势是产业规模发展较快，一些国际大公司在国内投资设厂进行生产，但仅是作为生产基地，设备、技术、管理等大部分是国外引进。应用于仪器仪表的光学薄膜元件规模一般较小，但技术要求较高。

在国内发展较大的专业光学薄膜元件兼顾研发生产的光学薄膜元件企业有：沈阳汇博光学技术有限公司（沈阳仪表科学研究院）、杭州科汀公司（浙江大学）、北京电影机械研究所、中科院上海光学精密机械研究所等。

（二）仪用光学薄膜元件科技发展的重大成果与进展

1. 科技发展的重大成果

（1）离子辅助技术在国内外得到了广泛应用，提高了薄膜致密度，增强了薄膜产品的环境稳定性。沈阳仪表科学研究院对该技术应用较早，工艺上比较成熟，产品的稳定性以及使用寿命达到或接近国外的先进水平。

（2）国内精确膜厚控制技术在控制精度、控制方法等方面进展缓慢，国外精确膜厚控制技术进展快速，尤其是莱宝公司（Leybold）的直接监控方法精度最高。

2. 优秀新产品

（1）高端生物医学荧光滤光片，由沈阳汇博光学技术公司研发完成。主要特点：光谱特性好，高透过率，深截止深度，高陡度，环境稳定性好，不漂移。技术创新：深截止高陡度优化光谱设计以及精确膜厚控制技术，获得优良光谱特性；高能大功率射频离子辅助成膜技术，获得优良环境稳定性；深背景测试技术，获得精确的滤光片特性检测结果。主要应用于荧光检测仪器，荧光明亮，背景噪声低，检测结果精确。光谱技术指标达到了国际先进水平。它凭借良好的检测精确度以及稳定性，促进和提高了我国生物医学荧光检测仪器的水平。

（2）变密度滤光片，由沈阳汇博光学技术有限公司率先在国内涉足该领域并研发完成。主要特点：光中性度好，线性度好。产品种类：条形渐变、圆形渐变、阶梯变化中性密度滤光片。技术创新：线性度控制系统。主要用来连续调整光能或对光能进行定量衰减。各项技术指标已达到国际先进水平，批量出口到美国和欧洲等地。

（3）紫外反光镜，于 2005 年由沈阳汇博光学技术有限公司研发完成。主要特点：光谱特性好，中、近紫外段的反射率高（>90%），可见区透过率高且平缓，紫外膜吸收小，使用时波长漂移少。技术创新：采用了膜系优化设计及大功率离子辅助成膜技术。主要应用在紫外曝光与紫外固化。各项技术指标均达到或超过日本同类产品的水平。过去，国际上紫外反光镜被日本垄断，价格昂贵。目前沈阳汇博光学技术有限公司已实现批量化生产。

（4）长寿命冷反光镜，由沈阳汇博光学技术有限公司研制成功。主要特点：可见区反射率高（>95%），红外区透过率高（≥85%），产品一致性好，使用寿命长（2 000 h 以上）。技术创新：采用了膜系优化设计，大功率离子辅助成膜技术，特殊设计的盘式行星夹具及高温成膜工艺。主要应用在光学引擎及投影仪等光源用的高品质反光镜。

（三）仪用光学薄膜元件学科发展的国内外差距

差距主要在成膜设备以及与成膜设备紧密结合的工艺开发方面。

(1)在系统集成、自动控制方面。国外设备系统集成匹配合理,系统实现全自动控制。国内设备系统集成水平较低,未实现自动控制。

(2)在膜厚精确控制方面。国外实现多种膜厚控制方式,尤其在光控膜厚控制系统方面国内外差距大。国外光学膜厚可实现在线自动控制,在线检测修正膜厚。国内光控系统精度低,自动化程度低,没有在线检测修正膜厚技术。

(3)在膜层质量方面。国内设备离子源稳定性、离化率以及功率等方面存在差距。膜层致密度、稳定性等方面差距明显。国内一些光学薄膜专业公司在进口一些国外设备后也获得了高水平的产品,但后续设备的差距限制了水平的进一步提高。

(四)仪用光学薄膜元件今后发展的主要方向

(1)在专业技术方及基础理论研究方面。应大力发展精确膜厚控制系统、离子成膜技术、系统集成技术及自动控制技术,实现光学薄膜的优良光谱特性以及优良环境稳定性。在基础理论方面,加强优化设计方法、成膜模拟等基础研究,指导设计方法、设备、工艺等研发。

(2)在设备方面。加强设备的集成技术研究及各关键系统的开发,并加强设备与工艺的结合开发,为光学薄膜发展提供发展基础。

(3)加快高端产品产业化的步伐,扩大其产业规模,拓展其应用领域。其产业化需要国家的大力投入和扶持。

五、弹性元件学科进展

(一)弹性元件科技发展现状

弹性元件种类繁多,包括波纹管、膨胀节、膜片、膜盒等。近两年来,弹性元件中的金属波纹管及膨胀节产品,在设计技术、制造技术、成型设备等方面发展迅猛。随着耐蚀合金、高温合金、弹性合金等新材料在波纹管产品中的不断应用,使其产品品种多、系列全,市场占有率高,应用领域广,覆盖了汽车、电力、石化、军工、核工业等重要领域,主要应用在仪表中的检测元件、真空开关的真空密封、阀门动作和密封零件;应用在金属波纹膨胀节中的波纹管是膨胀节的柔性零件和关键零件;应用在波纹管式换热器中作为强化换热器关键零件。2003 年,金属波纹管年产量在 2 500 万支,金属膨胀节的年产量为 100 万支。预计到 2008 年,金属波纹管的年需求量为 5 100 万支,膨胀节的年需求量为 210 万支。

(二)弹性元件科技发展重大成果和进展

1.科技发展的重大成果

(1)弹性元件设计技术　金属波纹管设计的理论基础是板壳理论、材料力学和计算数学等。现在一般采用美国膨胀节制造商协会标准(EJMA)中的设计计算公式进行耐压、失稳校核和疲劳寿命预测。目前,有限元分析技术日益成熟,并在波纹管设计过程中愈来愈起到举足轻重的作用。沈阳仪表科学研究院在国家重点项目的支持下，正在开发自主知识产权的金属波纹管设计计算软件。

(2)弹性元件制造技术　国内薄壁带材和薄壁管坯连续焊技术、波纹管多波一次成型及单波连续成型技术和装备发展日趋成熟，不仅提高了管坯制造的精度和一致性，而且实现了金属波纹管批量化生产。

沈阳仪表科学研究院研制的电沉积工艺参数控制装备，通过计算机控制系统提高沉积温度、工作电流、溶液浓度、pH、沉积时间的控制精度，维持工艺稳定，保证产品性能的一致性，同时研制了滚镀工艺、辅助阴极、加入适量添加剂等电化学工艺，不仅使产品性能达到国际先进水平，同时实现了批量生产和直接出口。

2. 产业发展重大突破

(1)高压组合电器用波纹管补偿器，由沈阳仪表科学研究院、沈阳汇博热能设备有限公司研制。其在波纹管设计制造的基础上，无焊缝低泄漏的密封机构设计，耐高压的等静压铆接结构工艺，提高使用寿命的小波距深波纹的波型设计，吸收推力的弹性平衡机构，专用工装设备的设计制造方面进行自主创新，通径覆盖 230～900 mm 的 80 多个品种规格，产品替代瑞士 ABB 公司、日本日立公司产品，在三峡工程中广泛应用。目前已开发成功了为 110 kV、220 kV、300 kV 和 500 kV 全封闭高压组合电器配套的波纹温度补偿器系列产品，获得 6 项专利。为国内高压开关厂实现了整机配套，稳居国内行业第一位。正在研发的 800 kV 的高压组合电器用温度补偿器产品，其技术属于国际先进水平。目前已经形成年产值超亿元规模，带动国内高压开关行业产值 10 亿元以上。

(2)波纹管式换热器，由沈阳仪表科学研究院、沈阳汇博热能设备有限公司研制。近年来随着石化、化工、造纸、建筑等行业的飞速发展以及社会对节能环保的强烈要求，弹性元件技术和产品为传统的列管式换热器带来了革命性的技术革新。波纹管不再单纯作为弹性元件使用，而是作为热交换设备的关键配套件，起到提高热交换效率的作用。与传统列管式换热器相比，波纹管式换热器在同等体积情况下，热交换效率提高 30%以上。目前，波纹管式换热器不仅包括供暖行业的碳钢产品，主要是石化、化工、碱厂、造纸等行业的钛管、双向钢、蒙耐尔等材料的波纹管式换热器，产品主要是替代进口。国内波纹管式换热器年产值在 3 亿元以上，带动相关行业产值 100 亿元。

3. 优秀新产品

沈阳仪表科学研究院研发的电沉积波纹管目前达到的最小直径为内径 1.2 mm，这是采用其他成形方法无法实现的。电沉积波纹管不仅灵敏度高、精度好，可以作为测量元件使用，而且具有较大的位移量，最大位移可以达到其自由长度的 50%以上，同时，疲劳寿命比较高，可以达到 100 万次。目前已基本形成了稳定的生产工艺、先进的生产设备和检测仪器，品种齐全，广泛应用于军工配套项目，实现了批量化生产，该产品的技术指标达到了国际先进水平。已形成镍电沉积波纹管、镍钴合金电沉积波纹管、纯镍镀金电沉积波纹管系列产品。

(三)弹性元件学科发展的国内外主要差距

(1)在设计上。国外已普遍使用有限元分析软件进行波纹管设计和开发。国内金属波纹管的设计以经验、EJMA 设计公式为主,尚未接触或应用 CAE 软件进行有效的波纹管设计。

(2)在成形设备上。国内以手工成形设备为主,产量和质量不能得到有效的保证,而国外大多使用自动成形设备,生产效率高,产品质量好。

(3)在材料上。国外普遍应用各种新型材料以满足不同层次不同领域的需求,如 Inconel、Hastelloy、Monel 等,而国内应用的比较少。

(四)弹性元件发展的主要方向

(1)在材料方面。加强耐高温、耐高压、耐腐蚀性材料的研发,国家应激励和扶持新型材料的研发与应用。

(2)在设计方面。加强适于专业应用领域的波纹管设计计算软件开发,尽快达到使用简便,结果准确,有效应用;加快适用弹性元件设计的有限元分析软件的二次开发,使得弹性元件性能的预测更为准确。

(3)在工艺和装备方面。加快研发高效率、自动化弹性元件成形设备、有效实用的辅助工装设备及自动化生产线的储运装置。

(4)在检测技术方面,加快研发高效、高性能的综合特性测试装置、测试仪(台)。

参考文献

[1] 我国传感器产业市场的发展特点分析[EB/OL]. http://www.medu168.cn

[2] 刘沁,等.新型工业用硅电容差压传感器、变送器的研制//第九届全国敏感元件与传感器学术会议论文集.北京,2005:15-20.

[3] 昆山双桥传感器测控技术有限公司[EB/OL]. http:// www.sqsensor.com.

[4] 徐开先.波纹管类组件的制造及其应用.北京:机械工业出版社,1998.

[5] 徐开先.实用新型传感器及应用.沈阳:辽宁科学技术出版社,1995.

[6] 吴宗泽.机械设计师.北京:机械工业出版社,2002.

[7] 沈阳仪表科学研究院.电沉积波纹管通用规范,2003.

[8] 夏恭忱.工程材料实用手册.北京:中国标准出版社,1989.

[9] 中国标准出版社.中国机械工业标准汇编.北京:中国标准出版社,1999.

[10] 王政伟.传感器产品选型设计.第2卷.北京:中国知识出版社,2005.

[11] 孙仁涛.低功耗磁阻传感器研究及其应用.仪表技术与传感器,2001,(9).

[12] 唐晋发,顾培夫.薄膜光学与技术.北京:机械工业出版社,1989.

[13] 顾培夫.薄膜技术.杭州:浙江大学出版社,1990.

[14] 唐晋发,顾培夫.现代光学薄膜技术.杭州:浙江大学出版社,1990.

[15] MACLEOD H A. Thin-Film Optical Filter(Third Edition). Institute of Physics Publishing. Bristol

and Philadelphia,2001.
[16] 安格斯.麦克劳德.光学薄膜——从设计到制造.浙江大学信息学院光学薄膜研究中心译.麦克劳德博士讲习班讲义,2003.
[17] 气敏元件和传感器技术的发展现状[EB/OL].http://yibiao.bokee.com.
[18] 长春应用化学研究所.电化学气体传感器.2006.
[19] 威海双丰电子集团有限公司.MEMS 瓦斯(CH_4)光纤传感器.2006.

撰稿人:徐开先

仪表功能材料

一、引言

功能材料是指那些具有优良的电学、磁学、光学、热学、声学、力学、化学、生物医学功能，特殊的物理、化学、生物学效应，能完成功能相互转化，主要用来制造各种功能元器件而被广泛应用于各类高科技领域的高新技术材料。

功能材料涉及信息技术、生物工程技术、能源技术、纳米技术、环保技术、空间技术、计算机技术、海洋工程技术等现代高新技术及其产业。它不仅对高新技术的发展起着重要的推动和支撑作用，还对我国相关传统产业的改造和升级，实现跨越式发展起着重要的促进作用。世界各国均十分重视功能材料的研发与应用，它已成为世界各国新材料研究发展的热点和重点，也是世界各国高技术发展中战略竞争的热点。在全球新材料研究领域中，功能材料约占 85 ％ 。我国高技术 863 计划、国家重大基础研究 973 计划、国家自然科学基金项目中均安排了许多功能材料技术项目(约占新材料领域的 70％)，并取得了大量研究成果。

仪表功能材料特指用于制造仪器仪表所必需的，对其性能起着关键的决定性作用的功能材料。这些材料在元件、器件、整机或系统中，可实现对信息与能源的感知、采集、计测、传输、屏蔽、绝缘、吸收、储存、记忆、处理、控制、发射和转换等目的。可以说，仪表功能材料是仪器仪表工业的先导、基础，是推进各类仪器仪表发展与进步的必备条件，在国民经济、国防建设、科技开发和社会发展中，将充当起越来越重要的角色。

二、仪表功能材料的发展特点

仪表功能材料种类繁多，用途广泛，有着十分广阔的市场前景和极为重要的战略意义。传统的仪表功能材料主要包括测温材料、电阻材料、导电材料和电接点材料、磁性材料、弹性材料、膨胀合金、热双金属、电真空材料、封接材料、光学材料和特种玻璃等。纵观国内仪表功能材料科技与产业，其主要特点有：

(1)面向国防、军工、核电、航天等领域的传统仪表功能材料研究十分活跃。近年来，为满足国家重点工程的应用急需，国家在相关领域加大了投入，开展了包括测温材料、弹性材料、磁性材料等仪表功能材料项目的研究，取得了大量国产化成果，为国防工业的发展发挥了积极作用。

(2)仪表功能材料及制造技术向薄膜化、粉体化、微小化、复合化、纳米化、材料元件一体化、智能化、高技术等方向发展。在大力发展新材料、新技术、新工艺的基础上实现了与仪器仪表和高新技术发展相互促进的态势，产品更新换代加快。同时重视量产化技术的研究，迅速实现产业化。

(3)传统的仪表功能材料产品向高品质、高可靠、高稳定、长寿命方向发展。而随着数字化、网络化的发展,部分传统的仪表功能材料受到严重挑战,如汽车仪表、电工仪表的永磁材料,变送器用的恒弹性材料等。同时,出现一批新的仪表功能材料,如稀土超磁致伸缩材料等。

(4)随着外资企业大规模进入国内,受市场竞争的需要,原材料采购本地化需求强烈,给国内仪表材料行业发展提供了机遇;而国外高端材料与元器件供应商同时进入国内,对国内仪表功能材料行业提出了严峻挑战。总之,竞争的加剧,必将促进整个行业的发展。

三、仪表功能材料科学技术进展

经过几十年的发展,我国部分仪表功能材料已经取得了长足进步,建立了门户比较齐全的行业。许多仪表功能材料产品的性能已经达到国际标准或国外先进标准的要求,少数骨干企业,如成都光明光电信息材料有限公司、重庆川仪一厂、宁波奥崎自动化仪表公司等,近年来通过引进或技术改造,产品的制造水平已得到进一步改善。上述企业生产的光学玻璃、贵廉复合带材、铠装测温与加热电缆等不仅满足了国内中低端市场的需要,还大量出口国外。

(一)国家仪表功能材料工程技术研究中心建成并通过验收

以重庆仪表材料研究所为依托单位组建的国家仪表功能材料工程技术研究中心经过多年的建设,顺利通过科技部的验收。作为仪表功能材料行业唯一的国家级工程研究中心,在国家的支持下,通过几年的建设,使该中心的工程化研究及开发条件改善,能力提高,基础设施有了较大改善,产业化规模也得到了提高;建立了为行业服务的核心平台,促进了管理体制的改革,培养了一大批年轻的专业技术和管理人才,实现了自身技术经济的良性循环。从近年来该中心承担了大量国家、军工项目及验收通过来看,该中心将为带动行业整体技术进步的发挥积极作用。

(二)仪表功能材料行业标准工作取得显著成效

为了提高仪表功能材料行业标准水平,促进仪表功能材料产业升级和技术进步。近年来,仪表功能材料行业标准委员会加大了等同采用国际标准的力度,一批行业标准和国家标准正在进行复审或制修订。其中,国家标准 GB/T 6147—2005《精密电阻合金热电动势率测试方法》和 GB/T 6148—2005《精密电阻合金温度系数测试方法》于 2005 年 9 月正式发布,于 2006 年 4 月 1 日正式实施。该标准采纳了美国 ASTM 的相关内容,达到了国际先进水平。

2006 年 10 月 13 日,国家质量监督检验检疫总局和国家标准化管理委员会在人民大会堂举行了隆重的"中国标准创新贡献奖"颁奖大会上,仪表功能材料行业标准 GB/T 18404—2001《铠装热电偶电缆和铠装热电偶》荣获了首届"中国标准创新贡献奖"三等奖。

(三)仪表功能材料技术最新进展

仪表功能材料种类繁多,应用领域各不相同。在此仅对部分仪表功能材料的进展作一简单阐述。

1. 铠装线形热敏电缆材料及其温度传感器

热电偶、热电阻等常用温度传感器只能对"点温"进行测量,而在温度监控技术领域,经常遇到要对一条线或一个面的温度状况进行监测,如隧道火情报警、坦克动力舱温度过热报警与火灾报警、气化炉表面温度监测,等等。用常规"点温"传感器来实现这一目的,监测系统异常复杂甚至不可能。为解决这一难题,美国人率先发明了铠装热敏电缆材料及用其制成的温度传感器,铠装热敏电缆材料的发明代表着近 40 年来线状温度传感器最重要的进展。铠装热敏电缆材料长度可达几十米甚至数百米,用它制成的温度传感器可监测其沿线上的温度状况。

铠装线形温度传感器可以连续不断地传递某一区域的温度信息,作为某些特殊场合的温度监测与报警具有其他温度传感器无法比拟的优点,人们在开拓市场中发现它的应用前途广阔。应用领域已扩展到煤化工、石油化工、食品、通讯、材料加工、仓储、航空、核电、冶金、电力等领域,并在不断地开发新的应用领域。由此可见,铠装线状温度传感器的市场覆盖范围是多行业的,前景十分广阔。

我国自"八五"期间开始此项技术研究,经不断完善,目前已开发出电阻型和热偶型热敏电缆及温度传感器并成功用于化工、冶金、能源等重大装备和科学研究设备的温度监测和报警,打破了国外产品在国内市场的垄断。特别是在国家"863"计划资助下,由重庆仪表材料研究所研制的具有完全自主知识产权的热偶型热敏电缆成果,主要技术指标如测量范围、精度、敏感温区、弯曲半径、响应时间等均完全达到当今国际同类产品先进水平,在目前国内大型化工企业汽化炉招标中,多次击败国外企业,实现了国产控制系统与传感器的工程化应用。

2. 核级测温材料及元件

最新批准的《核电中长期发展规划(2005－2020 年)》,我国核电发展的目标是:到 2010 年在运行核电装机容量 1.2×10^7 kW;到 2020 年,在运行核电装机容量 4×10^7 kW;在建核电装机容量 1.8×10^7 kW。《规划》要求统一发展技术路线,坚持自主设计和创新,努力形成批量化建设先进核电站的综合能力。

反应堆系统的温度测量系统是对反应堆实施控制,确保其安全运行的重要设备。我国军工领域,包括援建巴基斯坦的恰希马核电站所采用的核级测温材料与元件绝大部分为我国自行研发的堆芯测温热电偶、快响应铂电阻温度计等 1E 级产品。而我国民用核反应堆如秦山、大亚湾等核电站所需的核级测温材料与元件则大都采用进口产品,价格十分昂贵。为满足我国军工、核电领域发展的需要,国内相关研究机构和企业加大了核级测温材料与元件的开发力度。特别值得指出的是重庆仪表材料研究所在几十年研发核级测温材料及元件的基础上,提出制定的国家军用标准《潜艇核动力装置冷却剂回路测温用铂电阻温度计规范》,已于 2006 年 6 月通过专家审查,即将正式发布。该标准结构严谨,内容先进，不仅填补国内空白，使我国核级铂电阻温度计在国防工业中的应用有了标准规范，同时将大大促进国产核级铂电阻温度计在我国民用核电工业的应用。

3. 磁致伸缩材料

经过退磁的铁磁物质被磁化时其外形将产生变化，这种现象被称为磁致伸缩现象。利用材料的磁致伸缩效应来测量某些非电量始于19世纪，发展于20世纪后期，其应用领域包括力学、磁学、声学、微位移、医学等领域的各类传感器。随着传感器应用领域的不断扩大，磁致伸缩传感器也得到了迅猛发展。不断开发新型磁致伸缩材料，满足磁致伸缩传感器的应用发展及其性能的提高，是当前磁致伸缩材料研究的重点，而稀土超磁致伸缩材料的研究、开发和应用是近年来的研究热点。

在包括包头稀土研究院、北京有色金属研究总院、北京科技大学等研究机构的努力下，近年来，我国稀土超磁致伸缩材料制造工艺不断完善、性能不断提高、成本不断降低，应用领域不断扩大，市场迅速发展，在军民两用高技术领域显示了广阔的应用前景。2004年经全国稀土标准技术委员会审定，由甘肃天星稀土功能材料有限公司制定的“铽镝铁大磁致伸缩材料”标准为国家标准，该种材料国家标准的建立，对保护国家知识产权，在国际上占据制造该种材料的技术制高点有重要意义。

同时，磁致伸缩物位计是继超声波物位计后的第五代新型物位传感器，具有非接触、高精度、高稳定、高可靠、长寿命等优点。这种新型物位计在重大装备、国防等重点工程中具有广阔的应用前景。国家仪表功能材料工程技术研究中心近年来配合国家重大装备上马开展了特种环境条件下磁致伸缩材料及物位传感器的研究，取得了可喜的进展。日前已研发出适合于高温、辐照等环境的高品质磁致伸缩功能材料及传感器，并将应用于国防工程。

4. 钢水下渣检测电磁感应传感器特种电缆及其传感器

下渣检测是实现高效连铸、连铸连轧所必需的一项十分重要的检测控制装置，也是提高钢水质量、降低生产成本的重要手段。随着我国钢铁行业的迅猛发展，下渣检测系统及传感器市场需求潜力十分广阔。近年来，国内有关大型钢铁企业相继引进一批国外先进的下渣检测系统，而且所消耗的传感器大都依赖进口，价格十分昂贵，严重影响了该技术在国内钢铁行业的应用。

武汉钢铁公司投入巨资，已开发成功具有自主知识产权的下渣传感器，其各项功能指标与目前世界上最先进的下渣传感器基本一致，已替代进口产品，成功用于武钢、太钢、包钢等钢铁企业，该传感器采用了重庆仪表材料研究所开发的电磁感应特种铠装电缆。经过几年的努力，目前该电缆与传感器制作技术均日渐成熟，开始全面向国内钢铁企业推广应用，将为我国钢水质量的提高发挥积极作用。

5. 应力自感知水泥基复合材料及其传感器

为了保障重大工程结构的安全性，减少突发灾难性事故，急需发展长期的健康监测系统和损伤控制系统。该系统所必需的传感器，由于传统的传感元件普遍存在耐久性差，只能用于短期的性能检测。近年来发展的光纤传感器由于价格昂贵，限制了其大量应用。应力自感知水泥基复合材料是在传统的水泥或砂浆中添加特定导电材料或纳米材料复合而成的具有压阻效应的材料。利用这类材料的电阻率与其自身压应力存在一定对应关系的特性,可以制成性能独特的应力自感知水泥基复合材料传感器。因其具有造价低、耐久性好、埋设工艺简单以及与混凝土材料相容性好等特性,有望成为混凝土结构长期健康检测的新一代传感装置。目前在应力自感知水泥基复合材料及传感器的制作设备、工艺、测试系统进行了较为系统的研究,也取得了初步进展。

6. 光学材料

光学材料是仪器仪表工业中不可缺少的重要材料,包括光学玻璃、光学塑料、光学晶体、光学薄膜等。在光学材料领域,我国无论在研究,或是产业上均在世界占有一席之地。成都光明光电信息材料有限公司是世界最大的光电材料生产企业。产品除了应用国内市场,还大量出口国外。近年来,该公司以高端新型光学光电材料为龙头,进行了高端环保玻璃、高端镧系玻璃技术改造,在我国光学玻璃行业实现重大技术突破。为满足客户对大尺寸镧系玻璃的需求,公司积极进行镧系玻璃成型技术攻关,继 2006 年 4 月成功实现 ϕ250 mm 生产后,2006 年 9 月又成功实现了 ϕ400 mm 的生产,实际成型规格为 ϕ400 mm×80 mm,实现了大尺寸镧系玻璃成型技术的突破,丰富了我国镧系玻璃的产品规格。

7. 其他有关材料进展

在市场竞争的大潮中,除了相关研究机构在国家重点项目上开展大量研究,取得可喜进展外,各行业企业竞相投入经费开发满足市场急需的新产品,取得了一系列成果与进展。

江苏常州市潞城伟业合金厂开发的光亮热电偶丝出口产品达到国际标准Ⅰ级,KCA 补偿导线合金丝,按欧洲国家标准生产,并大批量出口。杭州永磁集团有限公司 2005 年的 N45 稀土烧结磁钢国家火炬计划项目通过验收,高矫顽力烧结钕铁硼永磁制备工艺和磁性研究,高磁能积、高矫顽力钐钴永磁体两个项目通过省能新产品鉴定,其技术水平处于国内领先水平。安徽天康集团有限公司针对目前超临界机组、循环硫化床等温度测量的复杂性,经过研究和探索,成功研发了超临界机组用热电偶热电阻产品,并通过国家级鉴定,在国内处于领先水平,另外冰箱补偿加热器热敏电阻传感器获得国家节能认可证书。重庆川仪十七厂的“循环硫化床测温热电偶”、“多点隔爆热电偶热电阻”、“JBW 智能温度变送器”等 3 个项目分别获中国四联集团科技进步三等奖。浙江伦特机电有限公司的“乙烯裂解炉 COT 温度传感器”项目获乐清市科技进步奖。安徽猎塔电缆集团有限公司自主研发出“氟橡胶电缆”等新产品,在国内处于先进水平。沈阳东大传感技术有限公司自主研发的复合管型热电偶、抗氧化钨铼热电偶、浸入型测温仪、铝液连续测温热电偶、真空炉专用密封热电偶等正在创造巨大的社会经济效益。天长市仪表厂特种铠缆分厂研发成功的氧化铝合成炉用铠装加热器、镁合金连浇连铸铠装加热器等新产品。

四、仪表功能材料存在的主要问题和国内外水平差距

近年来,我国跟踪世界先进技术,先后引进了各类大型、先进、成套的控制系统与仪器仪表,也投入了大量财力、物力和人力进行国产化的研究开发,但由于忽视了材料的研发,

特别是仪器仪表行业普通存在着“重系统、重主机、轻材料”的不良倾向，造成我国仪表功能材料技术开发投入不足，行业总体落后。与国外先进技术相比，我国仪表功能材料差距主要体现在以下几个方面：

(1) 对功能材料研究国家投入较大，在国家攻关、“863”、“973”、国家自然科学基金等计划中，功能材料都占有很大比例。在“九五”、“十五”国防计划中还将特种功能材料列为“国防尖端”材料。这些科技行动的实施，使我国在功能材料领域取得了丰硕的成果。但总体上讲，我国功能材料研究主要分布在高等院校与科研机构，基础研究偏多，应用成果较少，产业化项目严重不足，特别是与仪表功能材料相关的研发投入严重不足，制约了仪表功能材料的发展。

(2) 仪表功能材料企业普遍规模较小，且效益不高；技术力量薄弱，科技投入不足，新产品开发进程缓慢；企业的技术创新还停留在消化吸收国外先进产品的阶段，始终跟在国外技术的后面，不能占领高端技术。而且仪表功能材料行业属于技术密集型、设备投入大，一些重要的仪表功能材料关键技术单靠企业自身发展，根本无力解决。

(3) 大多数仪表功能材料企业设备简陋、陈旧，技术力量薄弱，检测设备不够完善。国内产品质量保证体系不健全，不少厂家虽然通过质量体系认证，但在实际执行中却大打折扣，加上质量检验标准不完善，缺乏必要的检验、试验手段，质量仍不稳定，另外普遍存在外观质量、成分均匀性、尺寸精度等较差的问题。

五、关于仪表功能材料行业发展的若干建议

(1)应高度重视材料研究与仪器仪表技术的结合。仪表功能材料是影响我国仪器仪表技术发展的重要因素。我国高度重视新材料研究，国家在材料方面的研究投入很大。材料研究下一步应向国家重大装备引进项目所需关键材料与元器件的国产化应用倾斜。切实加强引进项目配套关键仪表功能材料与元器件的引进与消化吸收，迅速提高我国仪表功能材料与元件的质量和技术水平，促进我国仪器仪表整机与系统的发展。我国军工项目的成功案例表明，主要国家重视，有相应的投入，我国完全有能力研发出满足先进仪器所需的仪表功能材料。

(2)我国传统仪表功能材料在国内外市场具有一定的优势，但企业普遍规模小，单打独斗的多，生产集中度低、分散重复严重，恶性竞争现象时有发生。因此，应推进企业兼并联合，扶持一批有较强竞争力、有规模经济效益的企业形成企业集团；或者将一些具有优势、特色的中小型仪表功能材料企业进入相关大型仪表集团，促进材料与整机企业建立起互利共赢的产业链和紧密的战略合作伙伴关系，实现仪表功能材料与仪器仪表整机的协同发展。

(3)为加快仪表功能材料企业技术进步。仪表功能材料行业是技术密集型产业，设备投入大。建议国家、地方和企业自身，多层次地支持重点企业关键工艺的技术改造和技术引进，更新设备，提高工艺与产品水平，以适应仪器仪表工业的快速发展和科学技术进步的迫切需要。

(4)大力进行产品结构调整。在保持传统产品(如测温材料、永磁材料、精密电阻材

料、耐腐蚀合金、光学玻璃等)优势的同时,大力开发各种新型仪表功能材料,特别是那些科技含量高、附加值高的新产品。如核级测温材料与元件,超临界火电机组用长寿命铠装热电偶,硫化床用耐高温的金属热电偶保护管用管材等。

参考文献

[1] 蒋幼夫,杨亲民.仪表功能材料的战略地位、产业政策、发展思路及其他.功能材料,2001,(增刊):38-44.

[2] 卢利平,赵安中,杨亲民.2005年机械工业年鉴——仪器仪表材料.北京:机械工业出版社,2005.

[3] 罗顺安,卢利平,赵安中.2006年机械工业年鉴——仪器仪表材料.北京:机械工业出版社,2006.

[4] 欧进萍,关新春,李惠.应力自感知水泥基复合材料及其传感器的研究进展.复合材料学报,2006,23(8):1-7.

[5] 张平,赵安中,杨亲民.未来五年机械制造业的若干共性重大技术预测——仪表功能材料.

撰稿人:赵光明,赵安中

ABSTRACTS IN ENGLISH

Comprehensive Report

Advances in Instrumentation Science and Technology

The famous scientist Mendeléev had said, "The science began from measurement." As measuring tools in the early time, instrumentation has developed as a complete subject of science and technology under the course promoted by the modern science and technology and productive force. As the focus expression of the measurement technology, the positive role of the instrumentation is becoming increasingly clear. It is becoming a common knowledge that the instrumentation is "the multiplier" in the industrial production, "the vanguard" in the science research, "the combat effectiveness" in military, "the physical judger" in national commercial activities.

According to the international developing trends and the national current situation, the instrumentation science and technology consists of the industrial automation measurement and control technology and the industrial automation instrument and system, the science measurement and analysis technology and the scientific instruments, the diagnosis and treatment technology of the person and the medical instruments, the information metrology and measuring technology and the electric measure instruments, the specific test and measure technologies and the various specific measuring instruments, and the relative sensors, components, materials and their technologies.

The report mainly expounds the characteristics and trends of the development of science and technology and industry for the instrumentation science and technology, deeply analyzes the basic situation and the gap with international level, emphatically expresses the recent important progresses of science and technology and industry for the instrumentation science and technology of China.

Finally, the report purposes the future requirement and target for the instrumentation science and technology of China, puts forward the proposals for science and technology research and industrial development, and the proposals for relative organizing formolity and policy for developing the instrumentation subject of science and technology of China.

Written by Jin Guofan, Zhang Hanquan

Reports on Special Topics

Automation Instrumentation and Control System

Automatic instrument and control system is the postulate and important guarantee of the realization of safe, balanced, high quality, high efficiency and large scale industrial production. Meanwhile, it is also the important composition of magnitude equipment, and with a significant meaning to the stimulation of China's equipment industry and the development of China's national economy. Under the long-term support of the state, China's instrument industry has formed an industrial system that with complete sorts, reasonable layout, certain technical basis, and production scale. The market share of DCS has continually expanded, the research on the following technology and products like new type detection technology and intelligent instrument has got big improvement, on the aspects of large scale network control system, high precision pressure transmitter, and new generation spectrum analyzer, etc. has already ranked advanced level in the world, and put forward EPA(Ethernet for Plant Automation) real time Ethernet international standard which possesses self-dominated intellectual property right. The development of automatic instrument and control system discipline, effectively promoted the technical progress of equipment manufacturing, made contribution to the rapid development of national economy.

Written by Shi Yimin

Scientific Instrument

It is well known that science comes out of measurement. Scientific instrument is the source of information, and is also the indispensable part of information industry. It promotes the development of national economy, science technology, public security and national defense greatly. Scientific instrument industry is the support for the development of economy and society and there is no doubt that this industry has a strategic position in our country. Modern scientific instrument is not only the precondition for knowledge innovation and technology innovation, but also part of innovative scientific research and a kind of important embodiment for innovation outcome. Many branches of science subject developed on the basis of certain kind of instrument. Scientific instrument and technology have already been the foundation of modern science and industry. For any country, its development of innovation capacity and science technology depends on the development of scientific instrument.

In recent years, with further development of information science, life science, material science, nano-science, etc., the subject of scientific instrument and technology also developed in a speedy mode around the world. Novel technologies brought our eyes colorful scenes and new products rushed out on end, like nano-technology, MEMS, chip technology, network technology and so on. On the other hand, because of the development of global economy and society, more new requirements on technology and instrument have been put forward. Scientific instrument is moving from traditional application fields, such as chemical analysis, physical measuring, to some fresh fields, for example bio-medicine, environment. As a result, scientific research and application on scientific instrument have been entering a rapid development period and scientific instrument is playing a more important role in the development of our society.

In this report, we just make a summarization on those scientific instrument research, technology development and new products that have been appeared since two years ago.

Written by Yan Chengde, Jiang Shiqiang, Jiang Wei

Medical Instrument

This report provides the highlights of what the new accomplishments on science and technology of medical devices have achieved, mainly focusing on China in the last two years. Medical devices are the key component of healthcare systems, also the integration of medical science with a number of high technologies, as an index of the social and scientific progress. The scope of medical devices and social requirements from the worldwide markets have been briefly introduced at Section I. Section II is referring to the general overview of related universities and institutions, as well as the industry companies in China. The novel innovations and new products of medical device industry in China have been described in detail at Section Ⅲ. It covers an extremely large variety of technologies and products that range from new modified ordinary products to sophisticated instruments that incorporate modern physics and biochemistry, information technology and biotechnology, such as CT, MRI, digital color Doppler ultrasonograph, wireless remote monitor, IVD, intelligent microcapsule, endoscope, laser treatment instrument, cancer therapy system, mini-invasive therapy device, medical robot navigation system, innovative medical instruments based on Chinese medical theory, biochip with its instruments and combination products. The current state of the US medical device industry, which constitutes the largest world market, is sketched, and then the new trends of the global medical device industry are predicted at Section IV. Based on the analysis of the gap and advantages of medical device science and technology in China as compared to that of the developed countries, nine aspects of directions for the further development of medical device industry in the future have been indicated at the last Section. Besides being a vital and innovative industry, the analysis of the report must therefore investigate medical device industry as an important part of the manufacturing sector and a powerful contributor to the economy in the 21st century.

Written by Qi Kangnan

Electrical Instrument

In this paper, it expatiates on the basic complexion and present situation of electro-technical metering technology and the study on electrical measuring instruments. It has mainly introduced the science and technology fruits and significant breakthroughs of industry development in this specialized field, compared the differences on technology and products at home and abroad and forecasted the developing trend. The report is divided into six chapters.

(1) Concept and composing of electro-technical metering technology and electrical measuring instruments;

(2) Development status in the field of electro-technical metering technology and electrical measuring instruments;

(3) Science & technology and industry progress in the specialized field of electro-technical metering technology and electrical measuring instruments;

(4) The gap and countermeasures in the specialized field of electro-technical metering technology and electrical measuring instruments at home and abroad;

(5) The developing trend in the specialized field of electro-technical metering technology and electrical measuring instruments in the future;

(6) Tag.

Written by Zhang Minyuan, Ren Dianyi

Electronic Instrument

Electronic measurement is the basic and main component parts of measurement technology. It has become the source and key of information technology. It plays an important role in national economic development and modernization of national defense construction. In recently years, electronic measuring instruments grow rapidly in production and development. Low-grade products have occupied most of domestic market. Some high-performance productions also have new breakthroughs. In the area of electronic measuring instruments, such as universal electronic measuring instruments, millimeter wave measuring instruments, communication and network measuring instruments, virtual instruments based on VXI and PXI bus, all get remarkable progress. Some reached the same level of its foreign counterpart. The integrated test system and intelligent fault diagnosis also get progress. Some intelligent fault detecting systems have been generated successfully. These techniques are developed rapidly and widely used in aerospace industry, industrial production and military equipment, especially in automatic test and fault diagnosis system. It can apply perfectly monitoring on-line, prediction of failure, and so on. It is an important representation of independent innovation.

Written by Zhao Jian

Related Sensors

Being one of the interdisciplinary fields of modern technology, transducers are always the important investigating point for the researchers. This report firstly introduced the research situation of this technology in many countries and regions such as American, Europe, Japan, and so on. Consequently, the development of many kinds of sensors are introduced. Then, the latest development and important breakthroughs of our country in recent two years are listed in detail. The listed productions are MEMS based silicon capacitance type press sensor, gyroscope, accelerometer and silicon piezoresistive type press sensor. The resonant cylindrical sensors and the pertinent miniaturized production which are used in the occasions such as high temperature and pressure are also introduced. On this basis, the actual gap between China and the international level is analyzed from the point of production technology and the ability of self-innovation. Finally, the prospect on the developing trend and directions are introduced and some of the technologies that are supported by "863" Program in 2006 are mentioned.

Written by Fan Shangchun

Instrumentation & Elements

The basic status and actuality of science & technology and industry development in instrumentation & elements specialty field is reviewed in the report. It puts emphasis on the aspects as follows: the significant harvest and evolving of instrumentation & elements specialty field in the last two years and the significant breakthroughs in industry and outstanding new products. It describes the specifications of innovation harvest and evolving adequately. Silicon based stress-sensitive elements and sensors, magnet-sensitive elements and sensors, gas-sensitive elements and sensors, optical thin-film elements for instrumentation and elastic elements are involved in the report.

Written by Xu Kaixian

Instrument Materials

Instrument functional materials are very important for the instrument industry. In this paper, the characteristics of instrument functional materials is introduced, research progress and development trend of the instrument functional materials are summarized and reviewed, such as temperature-measure materials, sensor materials, Optical materials, etc. The main gap of research and application between domestic and foreign is also analyzed. Finally, viewpoint of further development of the materials science and technology including instrument functional materials is brought forward.

Written by Zhao Guangmin, Zhao Anzhong